JN034667

郵便物仕分けマシンを作りながら
ラズパイとカメラで
自習 機械学習

もくもく 自習
応援マン

・本書は月刊Interface2018年5月号特集を書籍化したものです.
・提供するプログラムはラズベリー・パイ3モデルBでのみ動作
 します. ラズベリー・パイ3モデルA＋やモデルB＋, ラズベリ
 ー・パイ2, 4では動作しません.

はじめに

　未来は不確実性に満ちています．多様化する社会では，従来の知識や経験だけでは対応しきれないことが増えてきています．こうした状況に対応すべく，新しい知識や技術革新が広がり，結果として世の中の変化が速くなっています．

　そのため，生活のいたるところで活用されるようになった新技術「人工知能」の知識を必要とされている方も多いことでしょう．

　本書は最新の人工知能を理解できるように，代表的なアルゴリズムを解説し，そのあとラズベリー・パイで実際に動かしてもらいます．

　なお，本書のタイトルである「機械学習」は，人工知能の代表的なアルゴリズムを多数含みます．機械学習を学ぶことは人工知能を学ぶことと同じと考えていただいてよいでしょう．

2020年4月1日　佐藤 聖

● 本書は月刊誌Interface2018年5月号特集「もくもく自習 人工知能」を加筆・再編集したものです．
● 体験に使用できるのはラズベリー・パイ3モデルBのみです．ラズベリー・パイ3モデルB＋やラズベリー・パイ4では動作しません．

目　次

本書は月刊Interface 2018年5月号 特集「もくもく自習 人工知能」を書籍化したものです.

第1部　人工知能の基本的なことを知る

第4部　My人工知能を作るステップを体験する

本書のコンセプト

準備は最小限で

ステップ 1

HDMI ケーブル
microSD カード
動作環境 ラズベリー・パイやPC

道具はラズベリー・パイ3モデルBや
PCでOK

ステップ 2

筆者提供の人工知能用Python
電子ノート・プログラムを入手

ステップ 3

ラズパイ3モデルB＋や
4/2/1では動きません

ラズベリー・パイ3モデルBの
場合はmicroSDカードに書く

ステップ 4

クリック

```
 jupyter

Files   Running   Clusters

Select items to perform actions on them.

    📁 ▾    ▫

    □   □ 体験サンプルA

    □   □ 体験サンプルB

    □   □ 体験サンプルC
```

ブラウザを立ち上げたら

動かしながら学べる人工知能電子ノート準備OK

習うより慣れろで

見える化 1

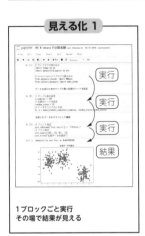

1ブロックごと実行
その場で結果が見える

見える化 2

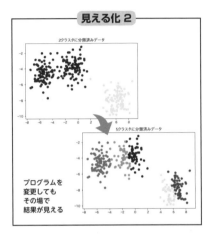

プログラムを
変更しても
その場で
結果が見える

人工知能ビギナのために 1

知っておくと
役立ちそうな方式をプロが厳選!!

社会人のスタート・ダッシュ

人工知能ビギナのために 2

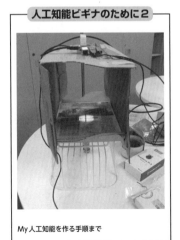

My人工知能を作る手順まで

11

第1部

人工知能の基本的なことを知る

第1章

人工知能の現状を知る

■ 既に利用が考えられている分野

● とてもたくさん出てきた

　3～4年前と比べると人工知能の応用事例が大変多くなりました．次のようなケースに人工知能を応用することが多いようです（**図 1**）．

　①労働集約的な作業
　②一人の人間には覚えきれないような知識が要求される作業
　③人間の経験や判断に頼るような作業

　ニュースなどで企業の人工知能システム・プロジェクトの事例を見聞きする機会が増えています．下記のような事例があり，社会を支える重要なテクノロジになっています（**図 2**）．

　● 掃除ロボット

　（a）労働集約的な作業　　（b）膨大な情報を扱う作業　　（c）経験や判断に頼る作業

図1　人工知能が得意な分野

図2 人工知能を利用した商品やサービス

- スマート・トイ
- スマート・スピーカ
- 自動車の自動運転
- 製品の安全検査
- コール・センタのオペレーション業務サポート
- クレジット・カードの不正使用検知
- 個人ローンの与信
- ウェブ検索エンジン
- ウェブ・サイトのセルフ・サポート
- ECサイトのリコメンデーション
- 新しい料理のレシピ開発
- 投資用不動産の取り引きサービス
- マンション価格の変動予測
- 投資信託の組み入れ銘柄選択サポート
- 為替の取引支援

- ニュース記事の自動生成
- がん細胞の特定
- 病院の予約キャンセル予測
- 採用業務の書類選考
- 食品原材料の品質管理
- ホテルや観光地，ターミナルでの旅行者向けコンシェルジュ
- 工作機械や空調設備，エレベータなどの遠隔診断
- 犯罪の発生予測
- 語学学習
- 学校教育向けアプリ
- スポーツの試合結果予測
- 業務の効率化や自動化（RPA）注1

● 人手不足を補う「超便利ツール」としてのAI

　上記はいずれも既存の仕事を効率化する使い方ですね．国によって人工知能の応用が盛んな産業が異なるようで，日本は製造業での事例が多く，米国ではサービス業の事例が多いように思えます．まだまだ人工知能が業務で利用されている分野が限られていますが，今後より広い分野で活用が進むことでしょう．人工知能を応用した製品が増えてくれば学校やオフィスなどでも目にする機会が増えると思います．

　米国はまだ高齢化社会を迎えていないので人工知能は職を奪う

注1：RPAはロボティック・プロセス・オートメーション(Robotic Process Automation)の略語でルール・エンジンや機械学習などを活用した業務の効率化や自動化の仕組みの1つです．RPAツールの主な特徴としてはIT部門でなくても優れたユーザビリティ(例えばマウス操作で機能インスタンス・アイコンをつなげて自動化処理を作るなど)によって自動処理をエンド・ユーザであってもコーディング不要で推進できること，従来のITシステムと異なり業務を再設計しようとした場合でも無停止で業務自動処理を再設計できること，業務自動化の領域の拡大により業務の効率・品質・コストの改善を目指すことなどです．

との一般的な認識がありますが，日本や中国，小国などでは人手不足を補うツールとして注目が集まっています．特に日本では人手不足が顕著化しているので日常的に繰り返されている作業を機械学習によって自動化する流れはどんどん加速すると思います．

日本の場合は人手が足りなさすぎて，人工知能に仕事を奪われるような状況ではなく，どんどん人工知能を利用しないと仕事が回らなくなる恐れがあります．ここで問題になるのが生産性の低い古いITから生産性の高い人工知能を応用したITへ，置き換えがスムーズに進むか否かです．

■ IoTでもいろんなことに使えるはず

今年はIoTやスマホのアプリなどに人工知能が応用されることが多くなるはずです．仕事だけでなく，どこにいても自動化の恩恵が受けられるようになると思います．人工知能の1つである機械学習の応用は日常生活にどんどん浸透しています．人工知能と機械学習の言葉の使い分けは第1部第2章で解説します．

● キットもいろいろ出ている

個人で機械学習を応用するにはAIY(https://aiyprojects.withgoogle.com/)のGoogle AIY Voice Kitや，Google AIY Vision Kitが最適です．Voice KitはGoogle Assistant APIやCloud Speech APIをラズベリー・パイで利用するキットですが，TensorFlowやscikit-learnと組み合わせたり，GPIO端子にアクチュエータを追加したりして，音声認識ロボットを作成できます．

▶ドローンにも

Vision Kitはドローンなどで利用されている画像処理チップIntel Movidius MA2450が搭載されたシールドが付いており，瞬時に表情を判定できます．このキットではTensorFlowであらか

じめ用意されているモデルを利用しますが，自作で構築したモデルに切り替えることで独自の画像認識が行えます．

　もう少し高度なものとしては，プログラム可能なロボットやドローンを利用するとよいと思います．例えばクラウドで機械学習によるモデル構築を行い，ドローンでモデルを利用して人や車を自動識別する自宅警備ドローンを作ったり，人物認識のモデルを組み込んで訪問者への自動応答ドローンにしたりすることもできるでしょう．アイデアを発展させればイベント会場での迷子捜しや行方不明になった高齢者の広域捜索にドローンが応用できるかもしれません．

● どんどん個人でも試しやすくなっている

　人工知能のアイデアは非常に古く，17世紀初頭までさかのぼると言われています．当時は電子機器すら発明されていない時代ですから，物を擬人化したような感じだったのかもしれません．私の知る限り，小説や映画などに登場する人工知能に似たようなものは1900年代後半からです．ひょっとしたら1900年代前半以前，普通の人にとっては人工知能とSFのエンタテインメントとの区別がなかったのかもしれません．

　実際に機能する人工知能が開発されたのは1900年代後半です．現代でも人工知能は曖昧な定義しかなく，具体的に説明することがなかなか難しいです．単純な制御のレベルからディープ・ラーニングのような先端手法のレベルまで非常に多様なので，それらをひとくくりにして表現することが難しいためです．

　21世紀に入り人工知能はようやく実用的な応用が可能になりました．400年近くの時間を経て誰にでも手が届くようになりました．人類史的に見ても現代は特別なイベントが起きているタイミングだと思います．

　10年前までは人工知能は研究者でなければ触れることはほぼ

なかったと思いますが，今はラズベリー・パイでも試すことができ，多くの学生がインターネットや書籍で学ぶことができる時代です．近年は人工知能は機械学習やディープ・ラーニングの意味合いで呼ばれることが多く，これも時代の流れを感じさせます．このようにAIの民主化が進んでおり，人工知能が新たな人工知能を開発するまでに進化しました．

■ 主な種類

無料で利用できる人工知能のフレームワークやライブラリがたくさんあります．PCがあれば人工知能アルゴリズムを応用したアプリを開発できます．コンピュータは人工知能を実行するために開発されてきたと言われるくらいどちらも古い歴史があります．

これまで開発されてきた人工知能アルゴリズムの間で，派生的なアイデアによる新しいアルゴリズムの登場や，異なるアルゴリズムが統合することによって長所を伸ばして欠点を減らす工夫がなされてきています．現在，主な人工知能のアプローチとしては，エキスパート・システム，ファジー理論，ニューラル・ネットワークなど，さまざまな情報が錯綜しているのが現状だと思います．

一般的には以下に分類されます（図3）．

1，従来の人工知能

2，計算知能

1はエキスパート・システム，事例ベース推論（CBR），ベイジアン・ネットワークなどがあります．これらは統計的機械学習と呼ばれ，記号的AI，論理的AI，正統派AI，古き良きAI（GOFAI）と呼ぶこともあります．

2はニューラル・ネットワーク，ファジー制御，進化的計算（遺伝的アルゴリズム，群知能など）があります．強化学習，カプセル・ネットワークなどの改良版も多数発表されています．

人工知能には実にさまざまな種類があります．論文の数だけア

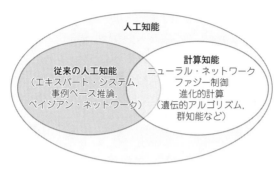

図3　人工知能は従来から使われておりその種類は多数ある

ルゴリズムの種類があると言われるくらいです.

　人工知能の中でも最も話題になるのが機械学習だと思います.
機械学習に唯一の定義がないため,見方によっては相違があるか
もしれません.機械学習の種類が増える要因にはデータに合わせ
たアルゴリズムの改良,新しいハードウェアに合わせた新しいア
ルゴリズムの開発などがあり,異なる特徴を持つアルゴリズムが
開発されています.多様な人工知能のアルゴリズムが開発されて
いますが,最も話題に上がるのが機械学習です.

● 今の主流は問題特化型の機械学習

　大抵の場合,機械学習で取り扱うのは,特定の問題に対して,
トレーニングしてモデルを構築することです.問題特化型のモデ
ルを利用して答えを出すので,汎用的に使えるモデルにはなりま
せん.なぜ特化した問題でトレーニングするかと言うと,ある問
題に特化しないと特徴量が類似するケースが増えて,想定した識
別や予測をする範囲が大きくなり,答えの精度が低くなるためで
す.汎用型の人工知能も研究されていますが効率の良い手法は見
つかっていないようです.

　こんな言い方をすると役に立たないように聞こえてしまいます

が，特化した問題に対しては人間並みの識別や予測が可能です．人間並みというのが非常に曖昧な表現ですが，言い換えると機械学習でも答えを間違えることもあるということです．例え間違いがあったとしても程度によっては十分に実用になります．もし識別率が低ければ識別不能として答えが出しやすいのも機械学習の特徴と言えると思います．

　人間は知っていることなら間違えることは少ないですが，知らないことに対しては非常に曖昧な解釈をしがちです．未知のことに対してつじつまが合うようにバランスを取ろうとするために起こる現象だと思います．機械学習ならつじつまを合わせるような修正を行わないためモデルで判定すると分類精度や確かさが低い値で表現されます．例えば犬らしい猫がいたとして，その写真を画像認識させると犬78％，猫12％，猿2％，鳥0％のように数値が示されるかもしれません．人間が数値を見て「実は犬なんだ」とか，「犬っぽい猫なんだ」と解釈できます．機械学習では絶対的な答えを得られないことも多いのですが数値で示されると納得してしまいます．

　人工知能が不得意な汎用型モデルで成果を出すには，より良いアルゴリズムが開発されないと難しそうです．今すぐ成果を出そうとすると，問題特化型モデルを構築した方が良さそうです．一般的には特定領域に範囲を限定して問題を解く場合には人間なら簡単に答えられる問題なので理解しやすいです．今取り組んでいる勉強，研究や仕事の中から問題と答えの組み合わせがある部分を切り出してモデルを構築するような応用が考えられます．

■ 分類

● その1…教師データのありなし

　機械学習アルゴリズムの分類方法として，モデル構築に利用されるデータにラベルがあるかないかで分類できます．モデル構築

に利用されるデータには，教師データあり(教師あり学習)，教師データなし(教師なし学習)があります．データを準備する時間があればラベル付けを行うこともできるかもしれませんが，即時性を要する用途に機械学習を応用しようとすると，ラベル付けをする時間の余裕がないかもしれません．これ以外の理由でデータにラベルを付けられないこともあるため，使い分けが重要になります．

▶教師あり学習の方が精度が出やすい

教師あり学習はデータに正解のラベルがあらかじめ用意されており，学習結果から正解/不正解によって重み付けを変化させることで分類精度の高いモデルを構築しようとする方法です．教師なし学習では正解のラベル付けをあらかじめ行う必要はありませんが，分類精度は抽出した特徴量に左右されやすいです．一概に言えないのですが特徴量とラベルの組み合わせで正解がハッキリしている教師データありの学習の方が，識別精度の高いモデルができやすいです．

● その2…画像や音声の認識ならディープ・ラーニング

別の切り口として問題の種類に適した機械学習アルゴリズムを選択する方法があります．画像認識や音声認識，自然言語処理を行うならディープ・ラーニングが良い成績を出すことが多くあります．特徴量を計算で自動抽出されてしまうので思いもよらない特徴量でモデルが構築されることがよくあります．

● その3…統計的手法を用いる場合は統計的機械学習

分類問題や回帰問題のように，統計的手法を用いる場合には機械学習アルゴリズム(**表1**)を使うと，処理コストの割によい成績が出せると思います．統計的機械学習などと呼ばれます．

機械学習に統計的手法を用いると，何を特徴量としてモデルが

表1 統計的機械学習のアルゴリズムあれこれ

問　題	アルゴリズム
2値分類	線形SVM, ロジスティック回帰, 決定木, ランダム・フォレスト, 勾配ブースト木, ナイーブ・ベイズ
多クラス分類	ロジスティック回帰, 決定木, ランダム・フォレスト, ナイーブ・ベイズ
回　帰	線形最小二乗, ラッソ, リッジ回帰, 決定木, ランダム・フォレスト, 勾配ブースト木, アイソトニック回帰

構築されたかを説明することが比較的容易になります．プログラムする人がデータから特徴を識別して抽出すると機械学習よりも高い精度で識別することが多くあります．人間が特徴量から問題の種類を判断したり，問題に最適なアルゴリズムを選択したりする必要があります．

■ データとアルゴリズムの理解が重要

　問題と答えの組み合わせが見つけられれば，モデルを構築することが可能になりますが，1つのモデルでできることは限りがあります．より複雑な問題を解くには複数のモデルを利用するなどのちょっとした工夫が必要になると思います．

● 例1：ツリー構造の分類

　例えば複雑な問題を分解すると木構造で表現できると思います．ECサイトの商品ページでは，商品の評価だけでなく，価格や掲載写真，商品説明，アフターサービスなどの情報が得られます．そこからよく売れる商品のページや売れない商品のページを分類することができると思います．

　これには機械学習で画像認識，自然言語処理，感情分析，リコメンド・システムなどの各モデルを構築し，決定木でモデルを作り，2値分類（売れる商品または売れない商品）に利用できると思います（図4）．

21

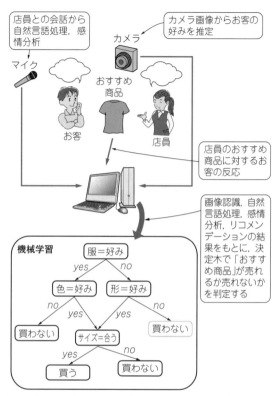

図4　複数の人工知能アルゴリズムを知っておき組み合わせることで目的を達成できる

　各モデルから得られた答えを決定木の入力データにして，教師あり学習を行いモデルを構築すれば，そのモデルを利用して各モデルから出力される新情報を分類するようなことも考えられます．

　決定木の代わりに各モデルから得た答えにRNN（リカレント・ニューラル・ネットワーク）などを利用しても同じような分類ができるはずです．

● 例2：似たものの分類

　画像データからより精度の高い機械学習を目指すときに，画像データの類似性が高く，うまく分類できないことがあります．

　例えばおすすめライブラリであるscikit-learnのサンプル・プログラムにあるような花のアイリス（アヤメ）を分類するような場合，がく片と花弁のサイズの違いで"setosa"，"versicolor"，"virginica"に分類できます．

　しかし写真では実際のサイズの情報が失われるので分類が難しくなります．このようなケースでは画像とデータ・セット（がく片と花弁のサイズ）のデータがそろっていれば画像認識をCNN（畳み込みニューラル・ネットワーク）で処理し，サイズ情報などはSVM（サポート・ベクタ・マシン）で分類して，それぞれの答えから最終的な分類の答えを導き出す方法があります．

　当たり前ですが分類に使う特徴量が増えれば微妙な違いでも分類できるようになります．デメリットとしては特徴量が増えれば処理時間がかかるようになりますが，画像とサイズに分けて並行処理することで時間短縮になり，複数台のコンピュータで処理することにより処理コストを分散することができるので，普通のPCや組み込み系小型コンピュータでも機械学習を応用したプログラムを作成できます．

　複雑だったり大きかったりする問題はそのままでは複数の問題が入り組んでいてなかなか解が見つかりませんが，分割して単純で小さな問題にしてしまえば順番に解いていける可能性が出てきます．人工知能アルゴリズムを多数知っていると問題に合わせたアルゴリズムを選択でき，答えが出せるでしょう．もし，問題に対してどんなアルゴリズムが適切なのか分からない場合，分散人工知能やマルチエージェントなどといった方法もあるので，複雑な問題でも解決策が見つかるはずです．

使えそうな
アルゴリズムを知る

■ 組み込まれるAIに注目する理由

● 身近に使ってみたい

　組み込み系小型コンピュータに向く人工知能アルゴリズムを紹介します．組み込み系と聞くとPCしか利用していないユーザには特殊なコンピュータのように思われるかもしれません．例えばスマート・スピーカ，ポータブル・ゲーム機，デジカメ，HDDレコーダ，掃除ロボット，スマート・ウォッチ，スマート家電などに使われています．

　家庭以外では工場の検査・測定機器，オフィス・ビルのセキュリティに利用されるICカード・リーダ装置，飲食店のセルフオーダ・システム，スーパーやコンビニのPOSや自動精算機，自動車の車載コンピュータ，銀行のATM，病院の自動予約受付システム，駅の改札機やエレベータなどに使われています．

　日常的に利用頻度の高いコンピュータと言えば，PCやスマホ，タブレットよりも組み込み系小型コンピュータのはずです．もし組み込み系小型コンピュータに人工知能アルゴリズムが応用できると，インターネットにつながらない機器が賢くなり，日常生活がより快適になると期待が持てます．

● 小型コンピュータと言っても高スペックな時代

　組み込み系小型コンピュータは低消費電力化が進み，小型でも高い処理能力があります．例えばラズベリー・パイ3はiPhone 5Sと同系列のCPUが利用されており，ベンチマークではIntel

Pentium D 820より23%ほど，AMD E1-2100 APUより8%ほど高性能です．ラズベリー・パイ3は，2005年の最新PCとほぼ同じCPU性能です．2005年はレイ・カーツワイルの著書[14]が発売された年としても有名です．著書の中で2045年にも圧倒的な人工知能が知識・知能の点で人間を超越し，科学技術の進歩を担い世界を変革する技術的特異点（シンギュラリティ）が訪れるとする説を発表しており，現在でもシンギュラリティは2045年ころに迎えると考えられています．

● ARM（半導体メーカ）も乗り気みたい

　組み込み系小型コンピュータでよく利用されるARMプロセッサにはコンピュータ・ビジョンや機械学習用のライブラリとしてArm Compute Libraryが提供されています．これを利用するとLinuxおよびAndroidで動作する組み込み系小型コンピュータでもコンピュータ・ビジョンや機械学習が高速化します．このライブラリにはCortex-AファミリのCPUおよびMali GPUのMidgardおよびBifrostファミリ用に実装された多数の機能が含まれており，次のカテゴリの関数が含まれています．MITオープンソース・ライセンスになっており，無料で利用可能です．

　ハイエンドのスマホにも搭載されている機械学習専用プロセッサが今後たくさん出てくるはずです．機械学習に特化したプロセッサが搭載されることで，従来クラウド・コンピューティングで行っていたような機械学習をインターネット接続なしに応用できるようになります．

Arm Compute Libraryの関数
- 基本的な算術演算，数学的および2項演算子関数
- 色の操作（変換，チャネル抽出など）
- 畳み込みフィルタ（ソーベル，ガウスなど）
- Canny Edge，Harrisコーナ，オプティカル・フローなど

- ピラミッド(ラプラシアンなど)
- HOG(方向性こう配のヒストグラム)
- SVM(サポート・ベクタ・マシン)
- H / SGEMM(ハーフおよび単精度一般行列乗算)
- 畳み込みニューラル・ネットワーク構築ブロック(活性化, 畳み込み, 完全接続, 局所接続, 正規化, プール, ソフトマックス)

● 壮大な組み込みの世界でも重要になるはず

機械学習の取り巻く環境が2005年と比べて格段に向上しています. ハードウェアの性能にソフトウェアの進歩が追いついてき, 同じハードウェアでより高度な演算が行えます. 無料で利用できる機械学習ライブラリが多数公開されています.

現在のコンピュータでもCPU性能の3%程度しか, 本来ユーザが目的としている演算に利用されていないとも言われています. OSやアプリの高機能化に伴い豊富なサービス提供があるためにCPUの性能が向上しても, ユーザが処理したい演算の速度が上がらないといった現象が起きているようです. 組み込み系のコンピュータは限られた用途に用いられることが多いので, OSのサービスを最低限に絞り込むことでCPU性能を本来目的としている演算により多く振り分けることができます.

単一用途の機械学習なら組み込み系小型コンピュータでも十分実用になります. 最近ではAIoTとかエッジAIなどと呼ばれています. 小ささを活用して1台ずつ用途を限定して複数台でより広い用途がカバーできるような使い方が合っていると思います.

■ アルゴリズムの系列

機械学習には, 主に分類系, 回帰系, クラスタリング系のアルゴリズムなどがあります(**図1**).

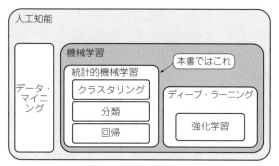

図1　人工知能を大まかに分類する
本書では機械学習やディープ・ラーニングという言葉をこのように使い分ける

　ラベル付きデータの分類系アルゴリズムにはサポート・ベクタ・マシン（SVM），ニューラル・ネットワーク，ロジスティック回帰などがあります．ラベルなしデータの分類系アルゴリズムには，K-means，ニューラル・ネットワークなどがあります．

　回帰系アルゴリズムには，ニューラル・ネットワーク，アイソトニック回帰，SVM回帰があります．ほとんどのアルゴリズムではパラメータを指定することによってソルバやカーネルを変更することができるため，より多様なアプローチを取ることができます．

● データ・マイニング

　組み込み系小型コンピュータでもPCでも機械学習までの流れは同じ段階を踏まなければなりません．最初にデータの特徴を知ることが必要です．特徴を知るためにはデータ・マイニングがよく利用されます．機械学習とデータ・マイニングは手法が同じなので混乱されることが多いのですが目的が異なります．

　データ・マイニングはデータから未知の特徴を発見するのが目的です．機械学習の領域ではトレーニング・データの特徴量を用

いて構築したモデルによって既知の特徴に基づく分類や予測を行います. データ・セットを作るまではデータ・マイニングで未知のデータから特徴を発見するのに利用でき, データの特徴に合わせて機械学習のアルゴリズムを選択して特徴量からモデルを構築します.

● 機械学習

機械学習には統計的機械学習とディープ・ラーニングが含まれます.

● 統計的機械学習

▶クラスタリング

クラスタリングとは, データ集合を内的結合および外的分離が達成されるような複数の部分集合(クラスタ)に分割することです. 代表的な手法としては最短距離法などの階層的手法, K-meansなどの非階層的手法があります.

・階層的手法

階層的手法の特徴はあらかじめクラスタ数を決めないことにあります. クラスタ数を決められないようなデータや後からクラスタ数を決めたい場合に向いています. 短所としてはクラスタに分割しようとするデータが膨大なときに計算量が膨大になり, 大量のクラスタが作成されてクラスタ間の違いが不明瞭になることです. このような大量のデータを扱う際には, 非階層的手法を用いることが一般的です.

・非階層的手法

非階層的手法はクラスタ数をあらかじめ指定するのでデータ量が膨大なときに計算量を減らせ, ビッグ・データの分析などに適しています. 欠点はあらかじめクラスタ数を決めなければならず, 初期値が結果に大きく依存します. 最適なクラスタ数を自動では

算出できないのでクラスタ数を計算によって推定します．例えば組み込み系小型コンピュータで収集されるセンサ・データの特徴を手作業でラベル付けしなくても，あらかじめ決めた数のクラスタに分類することができるので，ラベル付け作業を自動化できます．センサ・データから得られる特徴は常に一定の範囲に収まらないかもしれませんが，機械学習の一種であるクラスタリングを利用するとモデルを自動構築してくれるのでデータに合わせたクラスタ分類を得られます．

▶分類

　統計的機械学習では，データのカテゴリ分けをする分類問題に関連した応用例が多数あります．IoT端末側で行われる機械学習は，センサ・データを分類する利用が中心になると思います．データを分類するニーズは広いのですが中には分類ルールにすることが難しいケースもあります．例えば定性的なデータは数値化できないのでコンピュータで処理するのにルール・ベースで処理することが難しいです．

　定性的なデータでもカテゴリ分けをしたい場合に経験則に基づくデータのラベル付けによって教師あり学習ができます．もちろん機械学習では定量的なデータも扱えるので，それらを組み合わせたカテゴリ分けに利用できます．

　本書で利用するPythonの数値計算ライブラリ scikit-learn には，K-means，決定木，SVM，ロジスティック回帰，ニューラル・ネットワークなどの，よく利用されるアルゴリズムが関数として揃っています．scikit-learn は軽量なライブラリなのでPythonで実行しても処理速度が速いのが特徴です．IoTのエッジ端末における人工知能処理では，これらのアルゴリズムで分類問題を解くような使い方が多いのではと思います．

▶回帰

　一般的には数値データ間の相関関係や因果関係を推定するのに

利用されます．例えばデータの組み合わせから原因と結果のモデルを導き出します．データの組み合わせによっては相関が見られないことも分かるので，データから特徴を捉えることができます．簡単な計算で数値予測が行えるので組み込み系小型コンピュータに向いています．

機械学習で回帰問題を解くアルゴリズムはちょっとマイナな存在です．機械学習でも統計の回帰分析手法を用います．統計学では連続データにモデルを当てはめて分類を行うことがあります．機械学習でも考え方は同じですが，パラメータ設定から得られた分類結果を用いて，異なるパラメータ設定と分類結果の組み合わせの関係(それぞれの特徴量の傾向)から最適なパラメータを予測(推定)したり，機械学習アルゴリズムごとにデータの特徴量と分類結果の関係から最適なアルゴリズムを選択したりするのに利用します．

機械学習ではアルゴリズム選択やパラメータ・チューニングが非常に重要です．経験があればある程度の当たりを付けて取り組めるかもしれませんが，未知のデータに対しては手探りよりも短期間で開発することが可能になります．実は回帰問題から得られる成果は機械学習におけるノウハウにつながる情報を教えてくれます．

● ディープ・ラーニング

ディープ・ラーニングは，自然言語処理，画像認識，音声認識に利用すると高い精度が出せます．どちらかと言うと定性的なデータの処理に向いている手法かもしれません．

ディープ・ラーニングは「大量のデータから特徴量抽出が自動で行える」ので，研究者や技術者による手動設定が不要です．データから特徴を手作業で計算することができなくてもパターンを見つけることができます．その一方で自動的に抽出された特徴量

を人が識別することができません注1.

　また，大量のデータを収集できない分野だったり自動収集の仕組みがなかったりすると，モデル構築に十分なデータ量が集まらないのでディープ・ラーニングには向かないかもしれません．そのようなときは統計的機械学習を試してみるとよいと思います．統計的機械学習の代表的なカテゴリとして分類，回帰，クラスタリングなどがあります．データから特徴量を計算するのであれば十分使える精度が得られると思います．

　効果的な複数の手法を知っていると課題解決の近道になります．一概には妥当な数字を言えないのですがデータが50件～10万件用意できるなら統計的機械学習でもある程度識別精度が上げられ，それ以上のデータ件数で手作業での特徴量抽出が不可能な場合にはディープ・ラーニングを選択すると，よりよい結果が得られると思います．

　日本では欧米と比べてビジネス思考よりもテクノロジ思考の傾向が強いため，新しいテクノロジに注目が集まりやすく1つの手法に固執する傾向があります．単に成果を得るだけなら課題に合わせてより簡単なアルゴリズムを選択することが重要です．

　本書ではディープ・ラーニングは試さないことにしました．理由は2つあります．

- 今のところディープ・ラーニング(学習済みモデル生成)をラズベリー・パイやマイコンに搭載するには負荷が高い(次章で詳しく)
- ディープ・ラーニングだけが問題を解決できる人工知能ではない

　ただ，今回紹介するおすすめする4つのアルゴリズムは，単品で応用が利くだけでなく，ディープ・ラーニング系の応用の役に

注1：将来，自動抽出された特徴量を可視化するツールも提供されるようになるかもしれません．

も立つので，知っておいて損はないと思います．

■ 本書で紹介するアルゴリズム選択のポイント

　人工知能には派生のアルゴリズムがたくさんあり，何を使うと
よいのか迷うことがあると思います．基本的にアルゴリズムの選
択は，クラスタリング，分類問題，回帰問題の領域ごとに幾つか
知っていれば足りると考えています．経験上，下記の4つがアル
ゴリズム選択時に最も優先すべきポイントではないかと思います.

- 理解できない複雑なアルゴリズムを選択しない
- アルゴリズムの長所と短所を理解できる
- アルゴリズムが効果を発揮する/しない両方のケースが理
  解できる
- 自分で応用できそう

　人工知能アルゴリズムは多くの研究者や開発者によって評価さ
れてきており，現在まで消えずに残っているアルゴリズムは実用
を考えたときに有用であると思います．新しいアルゴリズムは過
去の人工知能アルゴリズムの欠点を克服するよう改良されていま
す．しかし実用を考えたときに計算量が多く，GPUによる演算が
必要だったり，膨大なデータをストレージに保持しなければいけ
なかったりと，コスト効果が得られないこともあります．

　本書で紹介するのは，K-means（K平均法），多層パーセプトロ
ン（MLP），ロジスティック回帰，サポート・ベクタ・マシン
（SVM）の4つです．これらのアルゴリズムは単品で応用が利くだ
けでなく，将来的に皆さんがディープ・ラーニング系のアルゴリ
ズムを応用・発展させる際にも助けとなります．

■ アルゴリズム1：K-means

　K-meansは教師なし学習が行え，データ数をn，クラスタ数を
kとしたとき，以下のように計算します（**図2**）．

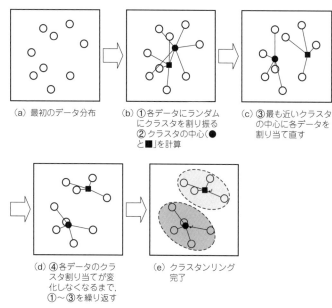

（a）最初のデータ分布

（b）①各データにランダム
にクラスタを割り振る
②クラスタの中心（●
と■」を計算

（c）③最も近いクラスタ
の中心に各データを
割り当て直す

（d）④各データのクラ
スタ割り当てが変
化しなくなるまで,
①～③を繰り返す

（e）クラスタンリング
完了

図2　K-meansがデータを分類する流れ

①各データ $x_i(i=1, \cdots, n)$ に対してランダムにクラスタを割り
　振る

②割り振ったデータをもとに各クラスタの中心 $V_j(j=1, \cdots, k)$ を計算する

③各 x_i と各 V_j との距離を求め，x_i を最も近いクラスタの中心
　に割り当て直す

④全ての x_i のクラスタへの割り当てが変化しなかったら収束
　したとして処理終了．クラスタの割り当てに変化があれば
　新しく割り振られたクラスタから V_j を再計算して①～③
　を処理する．

● 用途

▶ヘルス・モニタリング

　寝ている間の活動量を測定できる敷布団型ヘルス・モニタリング・システムなどがあれば，どんな人でも機械学習を活用してより快適な生活が送れるかもしれません．加速度センサを用いた行動推定ならxyz軸の値から，歩く/走る/座るなどの動作をクラスタに分類することによって推測します．あらかじめデータの分類数が決まっている場合や，どう分類してよいのか分からないデータについて，クラスタリング処理を行うことで，データのまとまりを作ります．

　また，他のアルゴリズムの前処理に使うこともあります．データのまとまりからデータの特徴を推測して，その他の機械学習アルゴリズムの特徴量にできます．

▶ディジタル画像の色合い調整

　元のディジタル画像からエリアごとに色の成分を分類して，分類したエリアごとに適当なフィルタ処理を加えることで，見た目の調整を行います．例えば，赤だけに特殊な効果をかけることが可能になります．デジカメに普通に入っている処理だと思います．

■ アルゴリズム2：多層パーセプトロン

　多層パーセプトロン（MLP）は，教師あり学習を行い，基本構造として3つの層［入力層，中間層（隠れ層），出力層］があります（**図3**）．

　各層には複数のニューロン（ノード，ユニットと呼ぶこともある）があります．入力層のニューロンは入力値をそのまま出力しますが，それ以外の中間層や出力層ではシグモイド関数を持つニューロンが各層に配置されています．一般的な多層パーセプトロンによる学習と予測は次の通りになります．

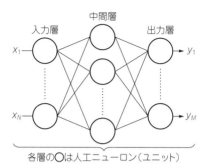

各層の○は人エニューロン（ユニット）

図3　多層パーセプトロンは基本構造として 3つの層を持つ

▶**学習・予測の例**

①入力層の各ニューロンに値が入力される

②前層の全ニューロンの出力に重み（結合重みの値）を結合して入力とし，ニューロンで発火（シグモイド関数などであるしきい値以上で起きる反応）が起これば次層の全ニューロンに向けて出力する．この処理は同一層内の全ニューロン分を繰り返す

③最初の中間層から出力層まで①〜②の処理を繰り返し，最後に出力層の全ニューロンから多層パーセプトロン全体としての出力をする

④出力と期待される結果（特徴量に付けたラベル）を比較して，バックプロパゲーション法を用いて出力中の誤差の大きさに基づいて結合加重を変化させる（出力層から前の層へ誤差関数をパラメータで微分してパラメータの修正方向を決め，パラメータの修正を繰り返す）

⑤全てのトレーニング・データ分，①〜④の処理を繰り返した結果，多層パーセプトロンの結合加重（学習モデル）が得られる

⑥この状態でテスト・データを入力層へ入力すると中間層か

ら出力層の結合加重によってニューロン間を伝播してパターン認識される

● 用途

▶スマート・スピーカの音声認識

音声から文字を推定するのに使います．音の波形情報から文字ラベルを推定して，波形から文字に変換するための応用が利きます．例えばスマート・スピーカが受け取った音声を，「波形情報を使ってトレーニングしたモデル」を使うことによって，音声から該当する文字列に変換して，クラウド側で文字列に対応した応答を返すなどの応用があります．

▶手書き文字認識

企業などで手書きの申込書を受け取ったときに，それを電子データ化します．これは画像認識を使っています．

■ アルゴリズム3：ロジスティック回帰

ロジスティック回帰は単純パーセプトロン（多層パーセプトロンの入力層と出力層だけの構造，**図4**）と等価になり，回帰と付いていますが2値分類問題に利用します．分類結果は0～1の間に収まります（**図5**）．

ロジスティック回帰は物事の原因となる説明変数（数量データ）から，物事の結果となる目的変数（カテゴリ・データ）を予測します．言い換えると，説明変数から目的変数が，0か1のどちらかの

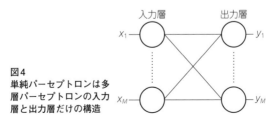

図4
単純パーセプトロンは多層パーセプトロンの入力層と出力層だけの構造

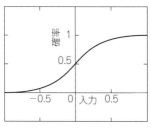

図5　ロジスティック回帰で使われるシグモイド関数…確率によって0〜1に分類される

範囲内に収まる確率値(判別スコア)を，以下のような計算(一例)で求めます．

(1)シグモナイド関数にて説明変数をロジスティック曲線(**図5**)に当てはめて，発生確率(y)が非発生確率($1-y$)の何倍になるかの値(オッズ)を求める．オッズの推定には与えられたデータからそれが従う確率分布の母数を点推定する最尤法を使うことが多い．

(2)オッズ(**図5**の縦軸)と説明変数(**図5**の横軸)の関係性から2群のカテゴリに振り分ける．説明変数がオッズの0.5より大きいなら1として，小さいなら0として分類する．

どんな業種であっても社会人にとって利用頻度が高く，結果と原因の発見に使えるのでリスク分析やオッズ(予測勝利確率)の計算に必須のアルゴリズムです．連結関数にロジット関数を使用する一般化線形モデル（GLM)の一種で，データの特徴量に対してデータの間に線を引いて分類するイメージです．

scikit-learnではパラメータを決める最適化問題で確率的こう配降下法を用いるアルゴリズムをパーセプトロン，座標降下法や準ニュートン法などを用いるアルゴリズムをロジスティック回帰としています．

● 用途

▶リコメンド・システム

例えば食事や旅行のプランを提案するリコメンド・システムができます．食事や旅行の回数と1回当たりの金額から消費構造を分類して，外食や旅行を頻繁にする人なのか，そういったことにお金を使わない人なのかを分類できます．さらにどんな食事や旅行を選ぶのかによって消費行動を分類して，習慣的な消費行動に合わせて食事や旅行のプランを提案していきます．

▶ダイレクト・メールの宣伝効果の分析

送ったDMに対してコンタクトの有無や，送った相手の地域性から，商品やサービスの興味を分類します．例えば健康食品のDMで，初回無料に応募してくるだけの利用者なのか，長く続けてくれている利用者なのかによって，商品やサービスの購買特性を把握できます．そして1回当たり購買見込み金額の推定ができます．

また，DMに関して言うと，送った相手が引っ越したなどの情報を整理しておくと，その地域は長く人が住みやすい環境なのかを判断できます．

■ アルゴリズム4：SVM

サポート・ベクタ・マシン（SVM）は，教師あり学習のパターン認識モデルの1つで分類や回帰の2値分類問題によく用いられます．基本的なパターン認識の考え方としては，単純パーセプトロン，ロジスティック回帰とほぼ同じです．

さまざまな改良版の手法があるため全てを解説することはできませんが，代表的な2値分類問題では，トレーニング・データから各データ点との距離が最大となるマージン最大化超平面を求めるという基準で，線形入力素子パラメータを学習します．各データ点の分布に対してどこに線を引いて分類すればよいかを学習し

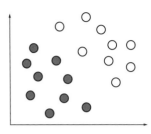

（a）各データの特徴量が分布

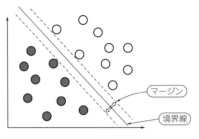

（b）各データの間に境界線を引いて，距離最大化できるマージンのところを探索して分離（分類）

図6　サポート・ベクタ・マシンはどこに境界線を引くと各特徴点からのマージンが最大になるのかを求める

ているわけです（図6）．

　SVMは画像や音声など，多次元になることが一般的なデータに対して，識別精度が高い特徴があります．また，最適化のために設定するパラメータが少なく，最適なパラメータの算出が容易です．欠点としては膨大なデータを処理すると非常に時間がかかります．

　他の機械学習アルゴリズムでも同様のことが言えますが，データの次元圧縮やスケーリング（標準化，正規化，2値化など），カーネルの決定，グリッド・サーチ，クロス・バリデーションなどを駆使しないと良い結果が出ないことが多いです．また，データの特徴がハッキリしているケースでは，適切な問題判別をして適した機械学習アルゴリズムを選択すると，機械学習のチューニング（構造やパラメータの調整）が簡単になることが多いです．

● 用途
▶卵焼きの味

　自分の好みの味なのかを知るために画像から卵焼きの味が甘いのか塩辛いのかを認識するといった応用もあるでしょう．例えば，

卵焼きの色や焦げ目を特徴量として画像解析し，甘みの判断に利用します．卵焼きは色がオレンジだったり焦げ目があったりすると，糖分が多いと予測できます．逆に均一に焦げ目が付いているときには，ただ焦げていると想像します．

▶魚の鮮度や脂の乗り具合

　他にも魚の目を画像認識して鮮度だけでなく脂ののり具合を識別したり，魚体からどこで捕れた魚かを推定したりできるようになるかもしれません．これまでITと無縁だった業界で機械学習の応用方法を見つければ新しい情報価値を発掘できるかもしれません．

● 合わせて1本！

　組み込み系小型コンピュータで機械学習の分類精度や汎用性を高める工夫が必要になるかもしれません．scikit-learnには多くの機械学習アルゴリズムがあります．単一のアルゴリズムで学習すると予測結果が良いこともあれば悪いこともあるはずです．そうしたときに複数の機械学習アルゴリズムを組み合わせて汎用性/頑健性を向上させるアプローチも取ることができます．演算量の少ないアルゴリズムで汎用的に利用できる機械学習を用意しようとすると困難ですが，初めから複数の機械学習アルゴリズムの予測結果を取りまとめて最終的な予測結果を出す手法もあります．

流行りのディープ・ラーニングとの違い

　囲碁や将棋のAIや画像認識など，人工知能ネタで皆さんが最初にイメージするのはディープ・ラーニングによる成果だと思います．本章では，ディープ・ラーニングだけが人工知能ではないですよ，そんな話をしたいと思います．

■ ディープ・ラーニングは大規模になるのでチーム開発向き

● 自動で特徴を抽出してくれるからスゴイのだが

　機械学習にはいろんな種類があり，それぞれ特徴が異なります．特徴に合った長所や短所を知って利用すると効果が出やすいです．ここでは統計的機械学習とニューラル・ネットワーク（ディープ・ラーニングを含む）の使い分けについて考えてみます．大きな分け方として，データから特徴量を抽出するときに自動化したいのか，手作業でもよいのかによって機械学習アルゴリズムが決まると思います．

　手作業でデータから特徴量を抽出しようとすると大変手間がかかりますが，特徴量抽出をルール化しやすかったり，何を特徴としているか誰かに説明しやすかったりします．仕事で機械学習を応用していく際には誰にでも説明可能であることが重要です．

● 大量の学習用データが要る

　ですがディープ・ラーニングを極めていくのもありだと思います．今最も注目が集まる手法ですのでインパクトがあるでしょう．人間が特徴を認識し得ないデータでも特徴量抽出が可能です．確かにディープ・ラーニングは汎用性が高いのですが独自の学習モ

デルの構築には大量のデータを準備する必要があり，データ・セット作成に多くの人手が必要です．もともと大量のデータから機械学習を行う計画であればディープ・ラーニングが最適だと思います．ただしモデルの構築はデータの変化に合わせて更新する必要が出てくると思います．簡単な作業ではあるのですがデータ量が多いと手作業には非常に時間を要し，作業を早く終えるのにそれなりの人月がかかります．

● **思っている以上にお金や時間がかかる**

　企業では画像ファイルのラベル付け作業を海外のアウトソーシング・サービスを利用して安価にデータ・セットを作成することもあります．有名なサービスには Amazon Mechanical Turk（AMT）があります．人工知能よりも人間の方が効率的に行える作業はサービスに登録しているターカー（Turker）と呼ばれる人々に写真や動画のオブジェクトの識別やデータの重複除外，音声録音の転写，データの詳細のリサーチなどの作業を依頼してデータ・セットを効率的に行うことがあります．

　米国の大学では機械学習のアルゴリズムやプログラミングだけでなく，Mechanical Turk Service の利用方法についても授業で教えています．ディープ・ラーニングの場合はデータ量が識別精度を大きく左右するのでこのようなサービス利用も必要でしょう．

　識別したいパターン数にもよりますが企業がディープ・ラーニングを使えると感じるレベルにするには一般的に100万〜1,000万件のデータを使ってモデルを構築するケースが多いです．企業によっては億単位のデータで機械学習を行うことさえあります．このようなビッグ・データが処理できるくらいのマシン・パワーが必要になります．100万〜1,000万件のデータ量でもモデル構築に1〜2週間かかることはざらです．クラウドでGPUや複数台の高性能コンピュータを利用すれば演算処理すれば1日で完了する

かもしれません。いずれにしても個人や予算のない組織では費用対効果の観点から演算能力を犠牲にして時間をかけてモデルを得るしかありません。

▶精度を上げるのは黒魔術の世界か

精度を上げるためにはデータに適した独自のテンソル構造やパラメータを用意しなければならず、データに特化したチューニングが必要です。俗に言う「黒魔術的」なチューニングにはまります。無数のパラメータの中から有用な組み合わせを見つけるのは大変です。最適なパラメータを見つけるために試行錯誤を繰り返してチューニングしていきます。もし1～2週間かかってモデルが完成する機械学習を処理があったとして、20パターンの組み合わせを順番に試したら20～40週間の時間を費やします。コンピュータが複数あり並行実行できれば時間短縮ができるかもしれません。

チューニングにはさまざまなツールが開発されているおかげで自動化されるようになってきていますが、最初から最適なパラメータの組み合わせが分かるわけではありません。簡単に解説すると自動化して何度もパラメータの組み合わせを探索的に試して、その結果を他のパターンの結果と比較することで最適なパターンを見つける手法が採られます。この方法では劇的にチューニングにかかる時間を短縮できるわけではありませんが、人手で作業するよりは早く最適と思われるパターンを見つけ出すことができます。

■ ホントはクラウドじゃないAIの方がポテンシャルがある

● マシン・パワーが必要な機械学習にはクラウドが必要になってしまう

今から大規模な人工知能システムを開発しようとする場合、独自の分散学習アルゴリズムを実行する場としてクラウドのFaaS

（Function as a Service）やPaaS（Platform as a Service）を組み合わせるなどして機械学習活用が拡大していくと思います．学習モデルの構築にリアルタイム性が不要だと思いますので，従来は複数のオンプレミスや仮想のサーバ上で分散学習されてきたと思います．ハードウェアもソフトウェアも日進月歩で進化しているので，より高い演算能力がより安く使えます．

　例えば分散処理に欠かせないGPUはこの5年間で価格当たりの性能が2倍以上，性能の伸びは3倍以上に高まっています．性能が3倍ならば単純計算で学習モデル作成が3分の1の時間で完了するため，長い目で見るとIT資産を所有しないことがリスク回避する1つの手段だと思います．

　2018年は新世代のGPUの発表が予定されています．ハイエンド，ミドルレンジ，エントリの順で製品が発売されると思いますが，既存製品より2倍以上の性能向上が予想されます．もしディープ・ラーニングを目的としてGPUを購入するなら，既存製品を複数そろえるか，新製品の発売を待つかの選択があるでしょう．ただ，常に学習モデルを作り続けることは一般的にないでしょうから，一時的にクラウド・サービスを使う方がコスト的に安く上がるのではと思います．

　クラウドを利用するときに忘れがちなのはデータが大量にあるときにどのようにしてクラウドへアップロードしたり，クラウドからオンプレミスのサーバへダウンロードしたりするかという点です．双方に大量のデータが格納できるディスク領域が必要になりますが，新たに蓄積されるデータを含めると運用期間が長くなればなるほど巨大なストレージが必要になります．データが大きくなるとアップロードやダウンロードにも時間がかかります．速い通信回線は非常に高いので占有して利用することができないのが普通です．

　クラウドにはメリットとデメリットがあるので目的や制約事項

を考慮しなければなりませんが，考えられないような規模のITインフラを短期間なら低価格で利用できるので，開発用として割り切れば格安なサービスだと思います．

● 通信が切れたら止まるAIはなかなか不便

　日本は自然災害が多い地域なので自然災害によって通信経路が断たれることがあります．RPA（Robotic Process Automation）ツールなどでいったん自動化された作業を手作業に戻すのは容易ではないかもしれません．クラウドを前提とした機械学習システムを利用していれば通信断によって使えなくなります．

　また電力供給が止まることも想定すると機械学習は消費電力が小さい方が理想的です．発電機やソーラ・パネルを電源に動作する低消費電力の機械学習システムがあれば，山中でも海上でもインターネット接続なしに人間の代わりに判断させるような使い方もできます．

　日本はこうした地理的な特殊事情を抱えているので組み込み系小型コンピュータ，最大でもノートPCくらいの処理性能で手作業の代わりになる機械学習を応用したシステムがあると実用的なのではないでしょうか．

　よくある例として高性能コンピュータを導入しても性能を余してしまい，仮想化して複数の業務に分割して利用する場合があります．コスト的にはできるだけ稼働率が高い方がよいのですが実際は使用されないGPUコアが断片的に残り，当初想定よりもコスト・パフォーマンスが悪かったなんてことが起こります．最悪の場合，高性能コンピュータを導入しなくても複数台のゲーミングPCの投資で十分だったと分かることもあります．機械学習を応用した統合システムの開発にはまだまだノウハウの蓄積が足りないので，必要最小限の個別システムでノウハウの集積が必要な時期だと思います．最初は機械学習を活用したシステム開発をい

きなり成功させることはできません．何度か作ってみて成功と失敗のノウハウを蓄積するためにPCやラズパイでプログラムを書いてみることが重要なのではないかと思います．

■ いいAIを作ろうと思ったら結局資源の節約はついてまわる

IT資源が限定される場合には工夫することで課題が解決できるかもしれません．画像分類であれば事前処理で画像をモノクロにしたり，サムネイルに変換したりしてサイズを小さくできます．少ないデータから特徴量が抽出できるならIT資源を節約できます．機械学習ではデータ・サイズで識別率が向上することは少なく，特徴量によって識別精度が左右されるのでデータ・サイズを小さくしても問題ないことがよくあります．

成果を追求するならビッグ・データをいきなり利用するよりもビッグ・データを見据えつつスモール・データを活用することが重要になると考えています．スモール・データは身近にあるさまざまな分野からデータを得られます．ビッグ・データと比べてデータ量だけでなくデータの次元も少ないかもしれません．少ないデータから期待する成果が得られればよいならスモール・データから機械学習によってモデルを構築するノウハウを蓄積するとよいと思います．

そもそもビッグ・データは限られた分野のデータであることが多いです．ウェブ検索エンジンのログ，電子マネーの決済データ，気象データなど大勢の人に関係する業種に限られます．こうしたビッグ・データの活用にはデータ蓄積だけでなく投資効果が出るまでにそれなりの期間を要するのが一般的です．いきなり高い目標を目指すよりも身近な課題を機械学習で解決することがより現実的です．

PCや小型コンピュータなどでスモール・データを用いた機械学習により培われたノウハウや経験はビッグ・データ活用にも役

立つはずです．規模が大きくなっても大きな課題を小さな課題に切り分けて並行処理することが効率化につながります．これまで述べてきた通り工夫することでディープ・ラーニングを利用しなくても統計的機械学習で十分に成果が得られることが多いです．モデル構築を成功させるためにはデータ・セット作りと特徴量抽出，最適なアルゴリズムとパラメータの選択がポイントになります．

第2部

動く電子ノート
Jupyter Notebook
を始める

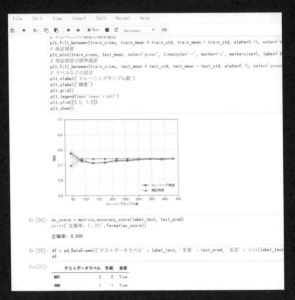

第2部はJupyter Notebookの機能紹介です．第3部でラズベリー・パイ3モデルBに筆者提供のプログラムを書き込むと，Jupyter Notebookが動かせる状態になります．

動く電子ノートJupyter Notebook を始める

第1章

おすすめの動く Python 電子ノート
Jupyter Notebook をはじめる

● 覚えることが少ないわりに機能が豊富

Jupyter Notebook（ジュパイターまたはジュピター・ノートブック）は，ウェブ・ブラウザからログインすれば，すぐに利用できます．作成したプログラムの実行や実行結果を記録できるウェブ・ツールです（**図1**）．

Python カーネルにはインタラクティブな Python 実行環境の IPython を利用しています．Jupyter Notebook は Anaconda

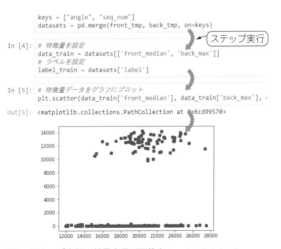

図1　ステップ実行＆結果表示が可能な Jupyter Notebook
開発の小回りがきくからおすすめ

（Pythonのデータ・サイエンス向けの科学技術演算用ディストリビューション）にも同梱されています．機械学習のセミナやワークショップなどでもよく利用されており，初心者でも使いやすく，仕事で利用しようとした場合にも豊富な機能が利用できるため，開発者にとっては必須のツールです．

　もしエディタでPythonコードを書いているのであれば，Jupyter Notebookに変えるとプログラム開発がかなり快適になるはずです．もちろん統合開発ツールを使うともっと高機能なのですが，豊富な機能を生かすためにはそれらの使い方を覚える必要があります．仕事でコードを頻繁に書くようなことがなければ学習コストが高くつくのでホビー・ユーザや学習者にとっては覚えることがより少なくさまざまな機能を備えたJupyter Notebookが最適でしょう．

■ 特徴

● 数行ずつ試しながら進められる

　最もJupyter Notebookらしい特徴は，セル・コーディングというスタイルです．コードを意味のまとまりの単位で枠内に記述することができ，一部だけ実行したいときにステップ実行が容易です．通常のpyファイルでプログラムを記述すると，一気にプログラムが実行されてしまうので，一部のコードの動作だけを確認するには，行の先頭に「#」を記述してコメント・アウト（コードからコメント文へ変更）する修正が必要です．

　Jupyter Notebookなら，コード記述と修正を繰り返して動作を確認しながらプログラムを開発できるようにツール設計されているので，Python学習の初学者には非常に理解しやすいはずです．

● 他のライブラリやフレームワークとの連携が容易

Jupyter Notebookは，サード・パーティ製ツールとの連携も簡単です．ビッグ・データと機械学習を使ってサービスを開発するような場合でも，Jupyter NotebookからApache Sparkを活用したりscikit-learnやTensorFlowと連携したりできるので，プログラム開発だけでなくサービス運用もJupyter Notebook上で行うと，情報を集約できて管理が簡単になります．

● 共有やエクスポートがしやすい

ウェブ・ブラウザ上でコーディング作業が行えるため，エディタ代わりに利用したり，複数の開発者でプログラムを共有したりできます．ノートブックはipynbファイルとして保存されるので，ファイルを直接他のPCにインストールされているJupyter Notebookで開いて実行や修正できます．Jupyter Notebookを利用していない開発者とコードを共有するにはノートブックをPythonプログラムだけのpyファイルにしたり，PDFファイルやHTMLファイルにエクスポートしたりできます．

● 記述＆その場で結果確認
▶セルにコードを記述する

ノートブックではセル・コーディングという記述スタイルで行います．イメージとしてはExcelの表にあるセルにコードを記述するような感じです．

セルには4種類あります．Pythonプログラム用の「Codeセル」，テキストやHTMLタグ用の「Markdownセル」，タイトル用の「Headingセル」，LaTeXで数式を記述できるファイル変換用の「Raw NBConvertセル」があります．

▶実行結果を記録できる

Codeセルではコード記述ができるだけでなく実行結果を記録

に残せます．テキスト，Pandasのデータフレーム，NumPyの配列，Matplotlibのグラフなども表示できます．IPythonでグラフを表示するとグラフ用のウィンドで表示されるので，ノートPCのように画面が小さいとコードとグラフを並べて表示しづらいですが，ノートブックはウェブ・ブラウザ上にセルごとに全て表示されます．アクティブにしたいウィンドウを切り替えながら作業しなくてもよいので効率が良いです．

▶**文字サイズや画像を入れたメモを入れられる**

コーディングするときにプログラムの大まかな流れをメモしてプログラム中にコメントとして残すとPythonコードが埋もれて見づらくなります．このようなときにはCodeセルにPythonコード，Markdownセルにメモを書くようにするとコードとメモを分離でき，全体が整理されて見やすくなります．

箇条書きでアルゴリズムをメモするなど，プログラムのアイデアをメモするときにはMarkdownセルを使用するとHTMLタグが利用できるので文字サイズや箇条書きなどの文字スタイル，けい線や表を簡単に設定できます．通常のHTMLファイルのように画像や動画を利用したノートブックも作れます．

● コードの自動補完

プログラム開発向けのエディタによるあるコードの自動補完がJupyter Notebookにもあります．変数名だけでなくインポートしたライブラリのクラス名やメソッド名なども補完されます．例えば「pri」と入力した後でTabキーを押すと「print」と表示されます．もし複数の候補がある場合には候補リストが表示されるのでその中から選択します．最も利用頻度が高い機能だと思います．

Jupyter Notebookのノートブックは，手軽にコード記述と実行結果を確認できるので中小規模の開発に向いていると思います．コードを共有することが前提ならば機能は十分で，機械学習のチ

ューニングに何度もPythonコードの実行と修正するような場面では，Jupyter Notebookを使った方がエディタとコンソール画面を行き来しなくても済むので作業効率が良いです．複数のノートブックでプログラムを同時実行させて検証できるので開発期間を短縮できるかもしれません．

なお，Jupyter Notebookで自動補完できるのは便利ですが，本格的なエディタ（例えばVisual Studio Code）を利用すると，自動補完だけでなくPythonコードをコーディング規約（PEP8）に沿って記述されているかチェックしたり，より高度な補完機能を追加できたりします．仕事でサーバなどを運用する場合にグループでコーディング・ルールを決めているときに独自のルールをエディタに拡張機能として組み込むこともできます．

またPEP8規約を全て覚えている人は少ないと思います．規約に沿ったコードを書くことに労力をかけたくないのであればVisual Studio Codeなどのツールを使うと作業効率が向上すると思います．

● 実はさまざまな言語にも対応している

実はJupyter NotebookはPython専用ツールではなく，さまざまなコンピュータ言語で利用できます．例えばJuliaやR，Haskell，Scala，node.js，Go，MathJaxで数式記述にも対応しており，40以上のコンピュータ言語に対応しています．

OSもWindows，Mac，Linuxに対応しているので，一度使い方を覚えればさまざまな場面で応用しやすいツールだと思います．

Jupyter Notebookは後継ツールが開発されており，より規模の大きな開発に対応できるJupyter Lab（https://github.com/jupyterlab/jupyterlab）が知られています．IPythonやIPython NotebookからJupyter Notebookに進化したように，今後も時代の要求に合わせた機能拡張が進むと思います．

Jupyter LabはJupyter Notebookに統合開発環境（IDE）が組み込まれるイメージのようで既存の商用版統合開発ツールの代替えになると予想しています．

● シングル・ページ・アプリケーションのように使う

Jupyter NotebookをPythonプログラムの開発・実行環境としてだけ使うのはもったいないと思います．インタラクティブなデータの可視化機能があるのでプログラムの処理結果をグラフや表としてノートブック内で表示させることができます．この特徴を生かして機械学習プログラムの中間データを確認したり特定セルのプログラムだけを再実行したりすると，デバッグやパラメータ修正が効率良く行えます．

例えばrunipyを使えばipynbファイルをパースして中のPythonコードをIPythonで順に実行できます．これを応用するとcronで定期的にプログラムを実行できるのでノートブックからpyファイルへの書き出しを手作業で行わなくても済みます．

またJupyter Notebookのファイル共有機能を生かしてラズベリー・パイをJupyterサーバにすると便利です．Pythonプログラムの実行はラズベリー・パイ上で処理されるのでPCと比べると高速な処理は行えませんが，LinuxとPythonを同時に学習したいときPCに開発ツールをセットアップしなくても済むので，スティックPCやタブレットなどのディスク容量が少ないPC環境でもPythonプログラミングを手軽に行えます．

ラズベリー・パイを低消費電力のファンレス・サーバとして運用すれば，ノートブックをそのままシングル・ページ・アプリケーション的なツールや簡易的なRPA（Robotics Process Automation）ツールとして応用できると思います．最近話題のRPAツールをPythonとJupyter Notebookで作ってしまうのはなかなか良いアイデアだと思います．Pythonでデータベース・サ

ーバやウェブ・サーバと連動する機械学習を開発してウェブ・サービスとして公開するのも結構簡単かもしれません.

● Jupyter Notebookと構成管理ツールを組み合わせて基盤構築も自動化できる

Jupyter Notebookをプログラム開発のエディタにしか利用しないのはもったいないと思います. 例えばノートブックにインフラ構成のパターン, その構成手順を記述して実行する応用が考えられます.

構成管理ツール(Ansible, Chef, Puppetなど)と組み合わせるとサーバを自動構築できます. たくさんのサーバを基盤構築するような場面は手順書とスクリプトを分けて作成することがよくあると思います. Jupyter Notebookを利用すれば手順書, スクリプト, レポートを1つのノートブック上で表現することもできます. サーバのデプロイと同時にレポートまで自動生成してしまうような使い方も考えられます. パブリック・クラウドを活用して仮想サーバや仮想ネットワークを構成するときに威力を発揮しそうです. 通常, パブリック・クラウドでサーバなどのインスタンスを設定するにはウェブ・ブラウザで環境を構築する際に全てGUI操作すると煩雑な作業になります. Jupyter Notebookと管理ツールを使ってパブリック・クラウドをCUI操作すればデプロイ作業を自動化できるはずです.

よくパブリック・クラウド環境を新入社員の研修や一時的な検証作業, システムのプロトタイピングに利用することがあるので, Jupyter Notebookを利用して本番環境構築用ノートブックとか, 開発環境構築用ノートブックなどを作成すれば構成情報を管理するのも簡単になると思います. ノートブックの実行結果はPDFファイルとしてエクスポートすれば構築記録代わりに履歴を残すことができます.

■ 画面表示

Jupyter Notebookへログイン後に表示される画面にはFiles,
Running, Clustersの3つのタブがあります(**図2**).

● タブその1…Files

FilesタブではJupyter Notebookのカレント・ディレクトリが
表示されます. ここではノートブック(ipynb形式ファイル)だけ
でなく, カレント・ディレクトリ配下のファイルを見ることがで
き, 複製(Duplicate), 停止(Shutdown), ビュー(View), 編集
(Edit), リネーム(Rename), 移動(Move), ダウンロード
(Download), 削除(ゴミ箱アイコン)が行えます.

これらの操作を行うにはファイル名の前にあるチェック・ボッ
クスにチェックを入れる必要があります. 分かりにくいのがビュ
ー(View)と編集(Edit)です. 前者がノートブック形式の表示, 後
者がテキスト・エディタ形式の表示になります.

● タブその2…Running

RunningタブではJupyter Notebookで起動中の全てのターミ

図2 Jupyter Notebookのログイン後に表示される画面

ナルやノートブックを一覧表示できます．Filesタブではカレント・ディレクトリの起動状態しか見られませんが，Runningタブでは全ノートブックの起動状態を一覧でき，不要なターミナルやノートブックのプロセスを「Shutdown」ボタンで手動停止させることもできます．

● タブその3…Clusters

Clustersタブは複数台のコンピュータで並列演算するときに利用します．Jupyter Notebookの並列演算はあらかじめプロファイルを作成しておき，クラスタ起動時にエンジン数(コンピュータ数)を指定して実行，プロセスが不要になれば停止できます．

このようにJupyter Notebookは並列コンピューティングのインターフェースとして利用できるツールですので大規模なシステムでの活用も可能です．

■ 基本的な使い方

● 新規作成＆名前付け

Jupyter Notebookで新規ノートブックを作成するには，ホーム画面のFilesタブを開いた状態で右上にある「New」ボタンをクリックして「Python 3」を選択します．ノートブック以外にも新規テキスト・ファイルを作成する「Text File」，新規フォルダを作成する「Folder」，ターミナル画面を表示する「Terminal」もあります．

新規ノートブックが作成されるとウェブ・ブラウザに表示されます．新規タブへの名称登録は，ノートブックの上に「Untitled」と表示される箇所に記述できます．「Untitled」と表示される箇所をクリックして「Rename Notebook」ウィンドウでタイトルを入力して「Rename」ボタンをクリックする(またはEnterキーを押す)ことで，ノートブックの名称を変更できます．

作成済みのノートブックを開かずに名称を変更するには Jupyter Notebookのホーム画面のFilesタブから該当ノートブックが「Running」でないことを確認してチェック・ボックスにチェックを入れます．もしノートブックが「Running」であればリネームできないため，チェックを入れてメニューの「Shutdown」をクリックして停止します．停止状態でチェックを付けてメニューの「Rename」ボタンをクリックすることで変更できます．

● 基本の操作メニュー

Filesタブの下にはファイルにチェックを付けたときだけ表示されるメニューがあります．メニューにはFile, Edit, View, Insert, Cell, Kernel, Helpがあり，各メニューをクリックするとプルダウン・メニューが表示され，さまざまな機能が利用できます（図3）．

Jupyter Notebookでプログラムを実行する方法を簡単に説明します．ノートブックでプログラムをセルごとに実行するには，実行したいセルを選択して「Run」ボタンをクリックするとセルごとに実行されます．セルごとに処理結果を確認したり，特定のセルのプログラムを再実行したりするときに便利です．

全部一度に実行したい場合にはCellメニューの「Run All」をクリックするとよいでしょう．

Notebookは一度実行すると結果が記録されます．もし実行結果を全て消してノートブックをリセットしたいなら「Kernel」メ

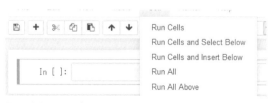

図3　新規ノートブックの画面

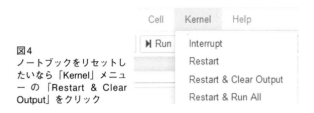

図4
ノートブックをリセットし
たいなら「Kernel」メニュ
ーの「Restart & Clear
Output」をクリック

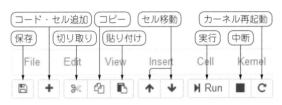

図5　セル・コード・タイプのプルダウン・メニュー

ニューの「Restart & Clear Output」をクリックします(**図4**). こ
のとき変数などに格納された値も全てリセットされて消えてしま
います. ノートブックのリセットと全てのセルのプログラムを実
行するには「Kernel」→「Restart & Run All」をクリックする
とよいです.

● ツール・バー

　メニューの下にはアイコン表示のツール・バーがあります(**図
5**).

Jupyter Notebookの
主な機能をおさえる

Jupyter Notebookの便利な機能は多数あり説明しきれません．便利な機能の1つにショートカット・キーがあります．コマンド・モードと編集モードの操作，コードの自動補完，ドキュメンテーション文字列(Docstring)の確認，順番の再構築，ショートカット集もあり，テキスト・エディタでPythonプログラムを書くよりも効率的な作業が行えると思います．

ショートカット・キーの一覧を表示するには，ノートブックを開き「H」キーを押すと表示されます．次のような機能が用意されています．

なお，ショートカット・キーは大文字で記載していますが実際の入力では小文字でも同じように機能します．MacではCtrlをコマンド・キー，AltをOptionキーに読み替えると動作するはずです．

● 編集モード/コマンド・モード

Jupyter NotebookでPythonプログラムを実行する際には，コマンド・モードと編集モードを切り替えて使います．コマンド・モードでは，まとまったプログラムをコピーしたり移動したり，実行したりできます．編集モードでは，実際のPythonコードを書きます．

● マジック・コマンド

Jupyter NotebookはIPython標準機能であるマジック・コマンドが利用できます．マジック・コマンドは先頭文字が%で始まる

コマンドです．ただしIPythonカーネル固有の機能であり，マジック・コマンドが利用可能かどうかはカーネル開発者ごとに決められるのでPythonカーネルが異なると使えないマジック・コマンドがあります．

マジック・コマンドはライン・マジックとセル・マジックの2種類があります．**表1**のライン・マジックは先頭文字が%で始まり同一行のコマンドだけに適用され，OSのコマンドライン呼び出しと同じように機能（各種疑似関数）します．引き数はカッコや引用符なしで渡されます．

表2のセル・マジックは，%%（2つのパーセント）で始まるコマンドで，同一セルのコマンドに適用されます．セル内の複数行に適用されるだけでなく引き数としても使われる機能です．

表1　ライン・マジックの一覧

ライン・ マジック名	説　明
%alias	システム・コマンドのエイリアスを定義する
%alias_magic	既存のラインまたはセル・マジックのエイリアスを作成する
%autocall	カッコを入力しなくても関数を呼び出し可能にする
%automagic	最初の%を入力することなく，マジック機能を呼び出し可能にする
%bookmark	IPythonのブックマーク・システムを管理する
%cd	現在の作業ディレクトリを変更する
%colors	プロンプト，情報システム，例外ハンドラのカラー・スキームを切り替える
%config	IPythonを設定する
%debug	対話型デバッガを有効にする
%dhist	訪問したディレクトリの履歴を印刷する
%dirs	現在のディレクトリ・スタックを返す
%doctest_ mode	doctestモードのON/OFFを切り替える
%edit	エディタを起動し，結果のコードを実行する
%env	環境変数を取得，設定，または一覧表示する

%gui	IPython GUI イベント・ループの統合を有効または無効にする
%history	最後の最後の入力履歴(_i \<n\> 変数)を出力する
%killbgscripts	%%script とそのファミリによって開始された全てのBGプロセスを終了する
%load	現在のフロントエンドにコードをロードする
%load_ext	IPython拡張モジュールをモジュール名でロードする
%loadpy	%loadのエイリアス
%logoff	ロギングを一時的に停止する
%logon	ロギングを再開する
%logstart	セッション内の任意の場所でログを開始する
%logstate	ロギング・システムのステータスを表示する
%logstop	ロギングを完全に停止し, ログ・ファイルを閉じる
%lsmagic	現在利用可能なマジック機能を一覧表示する
%macro	将来の再実行のためのマクロを定義する
%magic	マジック機能システムに関する情報を表示する
%matplotlib	対話的に動作するようにMatplotlibを設定する
%notebook	IPython ノートブックの書き出しと変換する
%page	オブジェクトを簡単に印刷し, ページャで表示する
%pastebin	コードをGitHubのGistペーストビンにアップロードし, URLを返す
%pdb	pdb インタラクティブ・デバッガの自動呼び出しを制御する
%pdef	呼び出し可能なオブジェクトの呼び出しシグネチャを出力する
%pdoc	オブジェクトのDocstringを出力する
%pfile	オブジェクトが定義されているファイルを印刷する(またはページャを実行する)
%pinfo	オブジェクトに関する詳細な情報を提供する
%pinfo2	オブジェクトに関する詳細な詳細情報を提供する
%pip	IPythonのpipの使用を傍受し, IPythonの外部でコマンドを実行するようユーザに指示する
%popd	スタックの先頭からポップアップしたディレクトリに移動する
%pprint	pretty printing をON/OFFに切り替える
%precision	pretty printingのために浮動小数点精度を設定する
%prun	Python コードのプロファイラで文を実行する
%psearch	ワイルドカードで名前空間内のオブジェクトを検索する

`%psource`	オブジェクトのソースコードを印刷する（またはページャを実行する）
`%pushd`	現在のディレクトリをスタックに置き，ディレクトリを変更する
`%pwd`	現在の作業ディレクトリのパスを返す
`%pycat`	ページャから構文強調表示されたファイルを表示する
`%pylab`	NumPyとMatplotlibを読み込んで対話的に作業する
`%quickref`	クイック・リファレンス・シートを表示する
`%recall`	コマンドを繰り返したり，コマンドを入力して編集する行を入力したりする
`%rehashx`	エイリアス・テーブルを$ PATH内の全ての実行可能ファイルで更新する
`%reload_ext`	IPython拡張モジュールをモジュール名でリロードする
`%rerun`	以前の入力を再実行する
`%reset`	ユーザが定義した全ての名前を削除する名前空間をリセットする
`%reset_selective`	ユーザが定義した名前を削除して名前空間をリセットする
`%run`	指定されたファイルをIPythonの中でプログラムとして実行する
`%set_env`	環境変数を設定する
`%sx`	シェル・コマンドを実行し，出力をキャプチャする
`%system`	シェル・コマンドを実行し，出力をキャプチャする
`%tb`	現在アクティブな例外モードで最後のトレースバックを出力する
`%time`	Pythonの文や式の実行時間
`%timeit`	Pythonの文または式の実行時間
`%unalias`	エイリアスを削除する
`%unload_ext`	IPython拡張モジュールをそのモジュール名でアンロードする
`%who`	最小限の書式設定で，全てのインタラクティブ変数を出力する
`%who_ls`	全ての対話型変数のソートされたリストを返す
`%whos`	%whoと似ているが各変数についての追加情報がある
`%xdel`	変数を削除し，IPythonのシステムがその変数を参照している場所から変数を削除する
`%xmode`	例外ハンドラのモードを切り替える

表2　セル・マジックの一覧

セル・マジック名	説　　明
`%%bash`	サブプロセスでbashを使ってセルを実行する
`%%capture`	stdout, stderr, およびIPythonの`display()`呼び出しをキャプチャしてセルを実行する
`%%html`	セルをHTMLブロックとしてレンダリングする
`%%javascript`	JavaScriptコードのセルブロックを実行する
`%%js`	JavaScriptコードのセルブロックを実行する
`%%latex`	LaTeXのブロックとしてセルをレンダリングする
`%%markdown`	Markdownテキスト・ブロックとしてセルをレンダリングする
`%%perl`	サブプロセスをPerlでセルを実行する
`%%pypy`	サブプロセスをPyPyでセルを実行する
`%%python`	サブプロセスをPythonでセルを実行しる
`%%python2`	サブプロセスをPython 2でセルを実行する
`%%python3`	サブプロセスをPython 3でセルを実行する
`%%ruby`	サブプロセスでRubyを使ってセルを実行する
`%%script`	シェル・コマンドでセルを実行する
`%%sh`	サブプロセスをshでセルを実行する
`%%svg`	セルをSVGリテラルとしてレンダリングする
`%%writefile`	セルの内容をファイルに書き込む

● システム・シェルでコマンドを実行する

　IPythonにはコマンド実行機能がありますがJupyter Notebookのノートブックでもセルに！(感嘆符)の後にシステム・コマンドを入力して実行できます．例えばLinux(Raspbianなど)ならノートブックのセルに「!ls」を入力してセルを実行すると，カレント・ディレクトリでlsコマンド(Windowsコマンドラインならdirコマンド)を実行したとの同じ結果がノートブック上に表示されます．もし，実行結果をPythonの変数に格納したいなら「files = !ls」のように実行すると変数filesにリスト形式でlsコマンドの実行結果が格納されます．

　Pythonで同類の機能としてglobライブラリがあり，glob関数でファイル・システム上のカレント・ディレクトリから格納さ

れているファイル・リストを取得するのに似ています。Python アプリとして IPython がインストールされていない環境で実行することを想定していれば glob 関数を利用するとよいでしょう.

● オブジェクト調査機能

IPython の機能にオブジェクト調査機能があります。Jupyter Notebook のノートブックでも利用可能で、オブジェクト名の最後に ?（疑問符）を付けて実行すると、そのオブジェクトの概要を見られます。オブジェクトの型（Type）、中身（String form）、要素数（Length）、ファイル名（File）、ドキュメンテーション文字列（Docstring）を確認できます.

また、ソースコードを見たい場合にはオブジェクト名の最後に ??（2 つの疑問符）を付けて実行すると、オブジェクトの型（Type）、中身（String form）、要素数（Length）、ファイル名（File）、ソースコード（Source）を確認できます.

オブジェクトを検索するときに「?」と「*」（ワイルド・カード）組み合わせて実行すれば、現在の名前空間から一致するオブジェクト名を検索できます。例えば変数 files を宣言した後でオブジェクト名を忘れてしまったときにノートブック上で探さなくても「*iles?」や「file*?」で検索すると「files」が見つかります.

● エクステンションで Jupyter Notebook の機能を拡張

マジック・コマンドは Jupyter Notebook 標準装備（IPython カーネルで実装）の機能でした。マジック・コマンドにない拡張機能を使いたい場合には、エクステンション（Extension）を利用することで、サード・パーティ製の拡張機能を Jupyter Notebook に取り込むことができます.

エクステンションには Jupyter Notebook の機能を拡張するよ

うな各種マジック・コマンドや特定のコンピュータ言語向けに開発されている機能があります(**表3**). 後者にはPythonからMathematicaやMATLABを利用するためのモジュール, Python以外のコンピュータ言語に対応した拡張機能などがあります. PyPIサイトでIPython Extensionで検索してみたら203件ヒットしました. IPython標準搭載のエクステンションを合わせるともっと多い数字になるのではと思います.

＊　　　＊　　　＊

簡単ではありますがJupyter Notebookの便利な機能や活用のアイデアなどを紹介しました. 無料ツールでここまでできるはかなり驚きです. 夏休みの自由研究, 大学のレポート作成や業務プロセスの自動化にも応用できるはずです. ラズベリー・パイでも豊富な機能を利用できるのでぜひ使ってみてください.

表3　エクステンション一覧(抜粋)

エクステンション名	説　明
Asymptote	サイエンティフィック・ダイヤグラムを生成するための強力なベクトル・グラフィックス言語
AsyncIO Magic	インタラクティブ・セッションでAsyncIOコードを実行するのに役立つIPythonの拡張
BeakerX	Jupyterインタラクティブ・コンピューティング環境のカーネルと拡張機能のコレクション(JVMサポート, インタラクティブなプロット, テーブル, フォーム, パブリッシングなど)
base16-ipython-matplotlibrc	base16のノートブック・テーマにマッチするMatplotlibテーマを有効にする
Brythonmagic	ノートブックでBrythonを使用できるようにし, ノートブックとのやりとりやJavaScriptを書かなくてもJavaScriptライブラリを使える
CSV Magic	CSVファイルからデータを素早くインポートおよびエクスポートするためのツール
Django ORM magic	djangoモデルをセル内で定義してオンザフライで使用する

fortran magic	f2pyを使ってFortranコード・セルから全てをコンパイルしてインポートする
clrmagic	Pythonnetを使ってC＃(CLR)コード・セルから全てをコンパイルしてインポートする
ferret	NOAA／PMELのData Visualization and Analysisソフトウェアはipython ferretmagic拡張機能を使ってノートブックに統合できる
ipyBibtex	LaTeXスタイルの参照に使用できる(書式設定にはマーク・ダウンを使用)
physics	(5m/s)＊(3s)などの単位を含む計算を有効にする．また，真空中の光の速度や電子の質量などの物理定数の範囲も定義する
%hierarchy and %%dot magics	%hierarchy magicコマンドは指定されたクラスまたはオブジェクトの継承ダイヤグラムを描画する．%%dotセル・マジックではセルにgraphizドット言語を書ける
%importfile magic	ほとんどの「自然な方法」でPythonファイルをインポートしようとする
Divers	ipython-flotパッケージの使用によりflotライブラリをインポートしているノートブックでのインタラクティブなプロットを行う
Bitey	C(またはC++)コードをLLVMビット・コードに自動的にコンパイルし，ビット・コードをBiteyにロードするための%%biteyセル・マジックを追加する
Mathematica	IPython-mathematicamagic-extensionを使ってノートブックに統合できる
MATLAB	IPythonセッションからMATLABコードと関数を呼び出せる
IDL	pIDLyを使ってIDLとGDLコードを埋め込むためのマジックを提供する
pep8	%%pep8(セル・マジック)を使ってpep8のスタイル・ガイドを確認できる
px magic	シェル・コマンドを実行し，オブジェクト(パイプ)のようなファイルとしてstdoutを返す
py2tex	シンプルな式を素敵なTeX表現に変換する
duster	名前空間をリセットしてその後すぐに複数のモジュールを自動的にリロードする
icypher	Neo4Jグラフ・データベースをCypherで照会して結果をPythonデータ構造体に戻す

第3部

おすすめAIアルゴリズムを
電子ノートで動かす

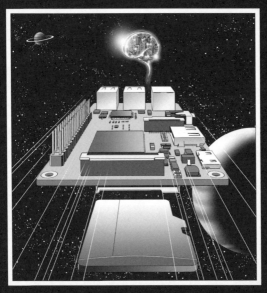

第3部で要る物：ラズベリー・パイ3モデルB，microSDカード，HDMIケーブル，HDMI入力付きディスプレイ，マウス，キーボード，ラズベリー・パイの電源．PCはmicroSDカードにプログラムを書き込む際に使用します．

なお，提供するプログラムはラズベリー・パイ3モデルB＋やラズベリー・パイ4では動作しません．

<プログラムの入手先>
https://www.cqpub.co.jp/interface/download/contents_bunko.htm

おすすめAIアルゴリズムを電子ノートで動かす

習うより慣れろでAIを体験する

■ 体験するのは「学習」と「予測」

人工知能にはいろいろなアルゴリズムがあるので一概に言えませんが，大別すると以下の流れで学習と判定を行います．

1, データ集め
2, データの前加工
3, データから特徴量を抽出
4, データの分割(学習用とテスト用)
5, データの学習 ──(学習)
6, テスト・データを使って学習したデータの確からしさを検証
7, チューニング ←(予測)
8, 新たなデータを取り込む
9, 新たなデータを判定

第3部では，3種類の人工知能アルゴリズムについて，上記の3〜6の工程を体験します．ここで重要になってくるのが「学習用データの準備」です．上記1，2に相当します．

第3部では，第4部で解説する「体験サンプルA」で撮影した画像から作ったCSVファイル注1 (提供します)を読み込み，上記3からの工程を体験していきます．

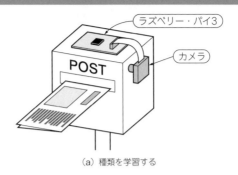

（a）種類を学習する

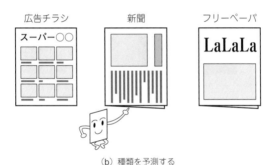

広告チラシ　　　　　　新聞　　　　　　フリーペーパ

（b）種類を予測する

図1　郵便物を自動仕分けする人工知能（AI）ポストを例に筆者おすすめアルゴリズムを体験する

■ 体験する人工知能

● AI画像判定ポスト

　第3部では郵便物の仕分けを例に人工知能アルゴリズムを体験します．**図1**のように自宅ポストに投函された郵便物を，広告チラシ/新聞/フリーペーパの3種類に人工知能で自動的に仕分けま

注1：CSVファイルには画像データの特徴量だけでなく行番号，被写体の識別フラグ，画像の回転角度，画像ファイル名，表面画像と透過画像を識別するフラグ，ヒストグラムの中央値などが格納されています．

（a）チラシ
（裏面からライト）

（b）チラシ表面

（c）新聞
（裏面からライト）

（d）新聞表面

図2　サンプルの学習データは用意してある

す.

● 電子ノートJupyter Notebookプログラム＆学習データを用意
　したのでまず「慣れて」ほしい

　第3部, 第4部では, 筆者おすすめのAIアルゴリズムについて,
Python電子ノートJupyter Notebookのプログラムを用意し, 学
習と予測をまず試せるようにしました.「学習用データ」(**図2**)も
用意しました.

　なお, 自分で学習データを用意できれば, 野菜や動物, 衣類, 自
動車などの仕分けにも応用できると思います.

＜プログラムの入手先＞

```
https://drive.google.com/drive/folders/
1JGh_wLZ8VQz1Tsh1WyzGv1i6Rh5nwZvc?usp=shar
ing
```

動かす AI アルゴリズムと
プログラムを確認する

　第3部,第4部では筆者おすすめのAIアルゴリズムをPython
電子ノートJupyter Notebookで動かしながら理解していきます.
ここで必要なものを**写真1**に示します. PCでも試せますが,ここ
では応用することも考えて,ラズベリー・パイをベースに説明し
ていきます.

写真1　たったこれだけで人工知能教室が始められる

73

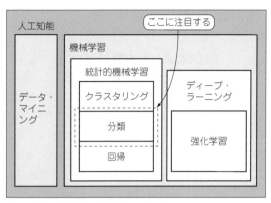

図1　本書で解説する機械学習の位置づけ

■ ここで動かすおすすめアルゴリズム

　本書は人工知能，機械学習，ディープ・ラーニングを，**図1**の
ように位置づけて解説しています．人工知能の中でも特に，マイ
コンやラズベリー・パイだけでも実用的に利用できる統計的機械
学習について解説します．

● K-means（第3部第2章）

　K平均法とも呼ばれます．人工知能のアルゴリズムでは古株で，
始める人のコモンセンスと言えます．マイコンを使う際の「初め
てのサンプル＝Lチカ」に相当すると言っても過言でありません．
第2章はscikit-learn developersが提供しているサンプルを利用
して，ランダムに生成したデータを，値が近い者同士で幾つかの
グループに分割してみます．

● 多層パーセプトロン（第3部第3章）

　ディープ・ラーニングの原型ともなったアルゴリズムです．こ
こでは「広告チラシ，新聞，フリーペーパ画像から生成した特徴

量データ」を使って，データの分類実験をします．この特徴量データを作る過程を第4部で体験します．第3部ではまず，複数の人工知能アルゴリズムを動かして合点していただくことを優先しています．

● ロジスティック回帰（第3部第4章）

発生確率を予測できます．買う/買わない，うまくいく/いかないなどの判断に最適です．ここでは，前項と同じ学習用データを使います．「広告チラシ」と「その他」への2値分類を体験します．

● サポート・ベクタ・マシン（第4部）

画像認識/音声認識/自然言語処理などに利用できます．これらはディープ・ラーニングが得意とするところですが，ディープ・ラーニングほど計算が複雑でないのが利点です．

第3部第3章，第4章と同じく筆者が生成した学習用データを使います．学習時の演算量が少ない割にデータの識別精度が高くなるアルゴリズムなので，第3部第3章，第4章のアルゴリズムと比べて，識別率がどうなるのか試してみてください．

■ 用意したAIプログラム

● 複数の体験サンプルがあります

筆者のウェブ・ページに体験サンプルを用意しました．体験サンプルには主に，

1，いきなり機械学習を試せる「体験サンプルC」
2，学習用データづくりから試せる「体験サンプルA」（第4部で体験）

を用意しました（**表1**）．いずれも，ステップ・バイ・ステップでプログラムを実行できるJupyter Notebookの「ipynbファイル」でプログラムを実行できます．

表1　ハードウェアがなくてもラズパイだけあれば体験できるように複数の体験コースをそろえました

第4部

体験＼工程	装置有無	データ収集	事前処理	機械学習 学習	機械学習 予測
実機を使って人工知能の一連の処理を体験	有	体験サンプルA			
	有（簡易版）	体験サンプルD			
	無	−	体験サンプルB		
サンプル・プログラムによる機械学習体験	無	−		体験サンプルC	

第3部．なお，第3部では筆者が学習用データを提供するが，これは第4部の体験サンプルAで作ったもの

図2に体験サンプルを利用するまでの流れを示します．筆者ウェブ・ページにはRaspbianイメージ・ファイルがあり，microSDカードにイメージを書き込んでラズベリー・パイ3モデルBで起動すると，Jupyter Notebookサーバが起動します．ラズベリー・パイやPCのウェブ・ブラウザでログインすれば「体験サンプルA」，「体験サンプルB」，「体験サンプルC」，「体験サンプルD」のノートブックが利用できるようセットアップ済みです．

● 1，いきなり試したい人向け「体験サンプルC」

「体験サンプルC」は，プログラムの実行にセンサや電子回路などを使用しないので，ラズベリー・パイだけで体験できます．

Python用に用意された機械学習ライブラリscikit-learnを利用します．これは軽量な機械学習ライブラリなので，ラズパイで実行し，どのくらいの処理速度で学習（モデル構築），予測が行えるかを体験できます．機械学習をチューニングするためのパラメータも説明するので，パラメータを変更して，どのような結果になるか確認しながら，機械学習のコモンセンスを磨くことができます．

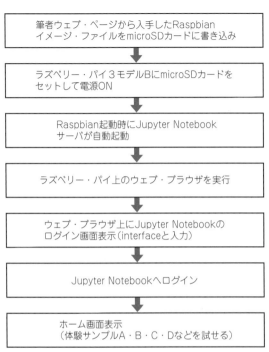

筆者ウェブ・ページから入手したRaspbian
イメージ・ファイルをmicroSDカードに書き込み

↓

ラズベリー・パイ3モデルBにmicroSDカードを
セットして電源ON

↓

Raspbian起動時にJupyter Notebook
サーバが自動起動

↓

ラズベリー・パイ上のウェブ・ブラウザを実行

↓

ウェブ・ブラウザ上にJupyter Notebookの
ログイン画面表示（interfaceと入力）

↓

Jupyter Notebookへログイン

↓

ホーム画面表示
（体験サンプルA・B・C・Dなどを試せる）

図2　体験サンプルを利用するまでの流れ

● 2，学習用データづくりから試せる「体験サンプルA」

　人工知能を使った装置が作れるように，ポストに投函された郵便物を仕分ける装置を作り，処理の流れを体験します．「体験サンプルA」では，ラズベリー・パイ，カメラ，照明を使って，広告チラシ，新聞，フリーペーパの画像を撮影し，機械学習の学習用データを作るところから，新たに投入された郵便物が何であるのかを判定するところまでを体験できます．

▶2-1. 体験サンプルAの派生「体験サンプルD」

　体験サンプルAを動かすには，この後第4部で説明する装置が必要ですが，同じ装置を用意するのが面倒な方もいるでしょう．

そこで，手元にあるような材料(段ボール)で，手っ取り早く装置を作る人向けの「体験サンプルD」も用意しています．段ボール装置の作り方も第4部で解説しています．

▶2-2. 体験サンプルAの派生「体験サンプルB」

「体験サンプルA」の装置で撮影した画像ファイルを使って，データ・セットの作成から体験できます．

ラズパイで AI を動かす準備をする

　次章から機械学習アルゴリズムを体験してます．そのための準備として，ここではラズベリー・パイ3モデルB用のイメージ・ファイルの書き込み方法を解説します．

■ ステップ1：プログラムのダウンロード

　イメージ・ファイルは筆者のGoogleドライブ上の共有フォルダからダウンロードしてください．下記のURLからダウンロード可能です．

```
https://www.cqpub.co.jp/interface/
download/contents_bunko.htm
```

　WebブラウザのURLアドレスを入力してGoogleドライブのサイトを開くと2つのZIPファイルが格納されています注1．

　アイコンにポインタを重ねると，左上に下線付き下矢印が表示されるのでクリックすると，「ファイルのウィルス・スキャンを実行できません」と表示されます．「エラーを無視してダウンロード」を選択するとダウンロードが開始されます．

　別のダウンロード方法はアイコンをクリックすると「エラー．プレビューに問題が発生しました．再試行しています...」注2と表示された下にある「ダウンロード」をクリックするとダウンロードが開始されます．

注1：セキュリティ対策アプリの種類によってはダウンロード確認のポップアップ・メッセージが出るかもしれません．
注2：ZIPファイルをプレビューするアプリがないためエラーになっています．

● フォルダ構成

```
¥
└── Interface
     ├── Interface201805_RPi.zip        (約1,850Mバイト)
     │    ラズベリー・パイののOSイメージ・ファイルが格納
     │    されています.
     └── Interface201805_ai-mailbox.zip(約17Mバイト)
          上記のOSイメージ・ファイルの/home/piに格納さ
          れている「ai¥mailbox」のみを格納しています. ノート
          ブックなどを初期状態に戻したいときに使用します.
```

■ ステップ2：microSDカード選び

お店に行くとSD規格のカードがたくさんあり，容量規格は**表1**に示すようなものがあります. microSDカードは容量規格がSDHCまたはSDXCのどちらでも問題ありません.

SDカードには，バス・インターフェースと最低保証速度のスピード・クラス規格があります. ラズベリー・パイのmicroSDカードのシーケンシャル読み書き速度は約18Mバイト/sです. 連続してデータを書き続けたり読み続けたりする処理はあまりないと思いますので，価格とのバランスを考えるとClass 10かUHS-1以上のmicroSDカード（**表2**，**表3**）であれば，読み書き処理速度の違いを感じないと思います.

また，筆者のウェブ・ページから入手できるイメージ・ファイルをmicroSDカードに書き込むには，4Gバイト以上の容量が必

表1 SD容量規格

容量規格	容量	
SD	最大2Gバイト	
SDHC	4G～32Gバイト	これならOK
SDXC	2G～2Tバイト	

表2　バス・インターフェース規格(抜粋)

バス・インターフェース	容量規格 (カード・タイプ)	バス・スピード
ノーマル・スピード	SD, SDHC, SDXC	12.5Mバイト/s
ハイスピード	SD, SDHC, SDXC	25Mバイト/s
UHS-I	SDHC, SDXC	50Mバイト/s

表3　SDスピード・クラス規格(抜粋)

最低保証速度 [バイト/s]	スピード・クラス	UHSスピード・クラス
30M	–	UHS-3
10M	Class 10	UHS-1
6M	Class 6	–
4M	Class 4	–
2M	Class 2	–

要です．お勧めは，Class 10かUHS-1のスピード・クラスのマーク付きで容量8Gバイト以上のmicroSDカードです．

▶microSDカードの書き換え寿命と保持期間

microSDカードに限らずフラッシュ・メモリは，書き換え寿命とデータの保持期間に限界があります．大容量のmicroSDカードを使って未使用サイズを大きくすれば，同一記憶セルの書き換え頻度を低下させフラッシュ・メモリの寿命を延ばせます．

またフラッシュ・メモリは，データを読み書きせずに放置すると自然放電が起こり，データが正しく読み取りできなくなります．自然放電によってデータ欠損が発生するため長期間の保存には向きません．もしmicroSDカードの中身を長期間保存したい場合にはPCのHDDやDVDなどにイメージ・ファイルをバックアップしておくと安心です．

■ ステップ3：書き込みアプリの入手

使用するPCがWindowsなら，イメージ・ファイル書き込みツ

ール(Win32DiskImager)を使うと簡単です．このツールは下記
URLから入手できます．下記ページはいろいろな書籍や本誌の過
去記事でも案内されていますね．

```
https://sourceforge.net/projects/
win32diskimager/
```

筆者のお勧めはEtcherです．

```
https://etcher.io/
```

▶筆者がEchterをおすすめする理由

　理由はOSを選ばず，グラフィカルなインターフェースで直感
的に使えるからです．今回初めてEchterを使ってみましたが，ド
ライブ選択時にメディアのタイプや容量なども分かり，ドライブ
名だけで判断するよりも直感的にメディアを選べました．見た目
も分かりやすくボタンも大きいため，Win32DiskImagerよりも
初心者向けかもしれません．Windows，Mac，Linux版がダウン
ロードできます．使用OSによって32ビット版と64ビット版を選
べます．ラズベリー・パイでEtcherを使ってイメージ・ファイル
の書き込みができます．

　Etcherの基本操作は，以下の3ステップです．

　①イメージ・ファイルを選択
　②ターゲットのメディアを選択
　③書き込み実行

　MacやLinuxなら，イメージ・ファイル書き込みツールを使用
しなくても，ddコマンドで同じことが可能です．慣れていれば
ddコマンドでもよいと思います．

■ ステップ4：イメージ・ファイルの書き込み

　筆者のPCは64ビット版のWindows 10ですので，インストー
ラ形式ファイル(Etcher-Setup-1.3.1-x64.exe)をダウ
ンロードしました(**図1**)．執筆時点ではバージョンが1.3.1でした

OSを選択してダウンロード

図1 Etcherをダウンロードする

図2 Etcherのデ
スクトップ・アイ
コン

ディスク・イメージ
を選択

microSDカードを
選択

書き込み開始

図3 EtcherでmicroSDにディスク・イメージを書き込む

が，皆さんがダウンロードされるときにはバージョンが上がって
いるかもしれません．インストールが完了するとデスクトップに
レコードのようなアイコンができます（図2）．

Etcherアイコンをダブル・クリックすると，図3のようなウィ
ンドウが表示されます．使い方を簡単に説明すると最初に
「Select Image」ボタンでmicroSDカードに書き込むディスク・
イメージを選択し，真ん中の「Select drive」ボタンでmicroSD
カードを選択して最後に「Flash!」ボタンを押すと書き込みが開
始されます．

ここでは試しにRaspbianのイメージをmicroSDカードに書き
込んでみます．「Select Image」ボタンをクリックするとエクスプ
ローラが開きます．Raspbianのイメージ・ファイルを選択して
「開く」ボタンをクリックします（図4）．

すると最初の画面に戻り，一番左のアイコンの下にファイル名
とサイズが表示されます．中央のアイコンの「Select drive」ボタ

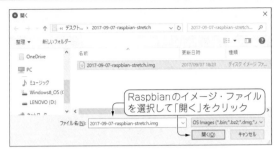

図4 Raspbianのイメージ・ファイルを選択する

図5 書き込み先のSDカードを選択する

ンが青色に変わり選択できるようなります. microSDカードを
PCに挿して「Select drive」ボタンをクリックします. もし
Echterの起動前にmicroSDカードをPCに挿していたら最初から
選ばれているはずです.

「Select a Drive」ウィンドウが表示されるので, イメージを書
き込みたいmicroSDカードを選択して「Continue」ボタンをクリ
ックします(**図5**). **図5**では「SDHC Card - 8.04 GB」の表示の
下にマウント・ドライブ名が出ています. このカードはラズベリ
ー・パイに使っていた物だったのでboot領域とシステム領域の2
つのパーティションが存在します.

元の画面に戻ってくると中央のアイコンの下に選択したドライ
ブが表示され, 右のアイコンの「Flash!」ボタンが青色に変わり

図6 書き込み完了!

ます．ここで「Flash!」ボタンをクリックすると書き込みが開始
されます．もしここで変更したければそれぞれのアイコンの下に
ある「Change」の文字をクリックすると変更が可能です．

　書き込みの進行状況は右のアイコンの下に表示されます．

　書き込みが完了すると**図6**のような画面に変わります．

軽くてシンプルでLチカ相当 「K-means」を動かす

　ここからは，筆者おすすめのAIアルゴリズムを「習うより慣れろ」で動かしながら理解していきます．1人でもくもくと始められるように体験サンプルを用意しています（**写真1**）．

■ 軽くてシンプルK-meansの特徴

　K-meansは機械学習アルゴリズムとしては，かなり目立たない存在です．しかし処理負荷が軽くてシンプルという良さがあります．Lチカに相当するような基本的なアルゴリズムなので紹介しておきます．処理性能に制約がある組み込み系コンピュータにも最適です．

　一般的にはあえてK-meansを選択する意味はないように感じ

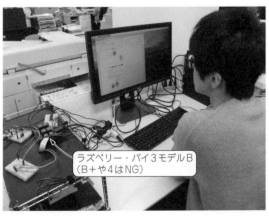

ラズベリー・パイ3モデルB
（B＋や4はNG）

写真1　職場でも自宅でも1人でもくもくと始められるのが今回用意した体験サンプル

られるかもしれません．数ある教師データなし分類アルゴリズムの中でも，特別に精度が高いわけではなく，初期値に依存するので使い方が難しいのも事実です．

クラスタリング・アルゴリズムでは，scikit-learnでも採用されている密度準拠クラスタリング（DBSCAN）の方が一般的に分類精度が良いとされています．また，無数の派生アルゴリズム（K-means++など）が改良版として開発されています．

K-meansは欠点はあるもののアルゴリズムが誰にでも理解しやすく，なぜそのような分類結果になったのかを説明しやすいです．マーケティング・リサーチなどで分類する目的であらかじめ分類数を決めてから利用するなら，応用範囲が広いアルゴリズムだと思います．

教師なしデータ（ラベル付けされていないデータ）でも分類できたり，分類数を指定してデータを分類できたりなど，他にはない特徴があります．例えばラベル付きのデータ・セットを作るときやデータの特徴がはっきりしていてディープ・ラーニングなどの複雑なアルゴリズムを用いなくても分類できるときに役立ちます．

● 用途

09　K-meansで分類実験.ipynbを開くとノートブックにサンプル・プログラムがあるので動かしてみましょう．実際に動かすと，人的作業なしで学習モデルを作成し，そのモデルに従って分類してくれます．残念ながらその様子は見えません．例えば人間が(x_1, y_1)と(x_2, y_2)の2つを通る直線を引いて分類するなどのルールをプログラムしなくても計算によって編み出してデータが分類されます．

一見するとこれだけかと思われるかもしれません．人間が分類すればいとも簡単なことです．数値データを見ると分かりませんが，グラフ化すれば大体幾つのクラスタ数に分けられそうかは一

目で分かるはずです.

　このように人間が行えば簡単なことをプログラムで毎日実行するような場合，手作業で処理してもよいのですが手間がかかる上に作業者が分類ルールを理解している必要があります．K-means を応用すると分類のためのモデル構築が行えるので本格的な分析の前処理やデータのラベル付け処理に利用できると思います.

　例えばお店の売り上げ分析での応用としては顧客の来店頻度を推定するようなリアルタイム分析につながると思います．いつもレジ係をしている人ならばよく見かける顧客の来店時間帯や購入商品の種類を経験的に覚えているかもしれません．しかしセルフレジが普及してきており単純な買い物では人間の経験則が働かず，顧客がポイント・カードを忘れて精算時に顧客情報とのひも付けができないとリピート層の顧客をお店のファンとしてつなぎ止めるサービスを開発したりサービスを提供したりすることが難しくなります.

　例えば買い物間隔日数(最後に買い物をしてから次の買い物をするまでに日数)と1回の買い物の合計金額をそれぞれ x 軸, y 軸の値として置いてクラスタリングを行い，あるクラスタはリピータ層とか，別のクラスタは一括買い層などの意味付けをそのままラベルとして使う方法があります．ラベル付けされたデータが完成すればディープ・ラーニングでモデルを構築して，顧客がレジで支払う段階でリピータ層なのか一括買い層なのかなどを瞬時に判定するような機械学習システムの開発もできると思います.

■ ラズベリー・パイで動かす準備

　筆者が提供するイメージ・ファイルをmicroSD カードに書き込んで(Appendix 2)，ラズベリー・パイに挿して，電源を入れます．起動後, 左上2番目のブラウザをクリック(**図1**)すると，パスワー

**図1 ラズベリー・パイの起動画面からブラウザを
クリック**

図2 パスワードにinterfaceを入力

図3 体験サンプルが複数格納されている

ドを尋ねられます(**図2**). パスワードは「interface」です.
Jupyter Notebookサーバへログインできます(**図3**).

図3中の体験サンプルCフォルダには,人工知能のサンプル・プ

**図4　体験サンプルCの中に複数の人工知能アルゴ
リズムが用意されている**

ログラム(Python 3.5)を用意しています(**図4**). ダブル・クリック
し, 実行していくだけで人工知能のサンプル・プログラムを動か
せます(**写真1**).

■ サンプル・プログラムを実行する方法

Jupyter Notebookでプログラムを実行する方法を簡単に説明
します. ノートブックでプログラムをセルごとに実行するには,
実行したいセルを選択して「Run」ボタンをクリックすると, セ
ルごとに実行されます(**図5**). セルごとに処理結果を確認したり,
特定のセルのプログラムを再実行したりするときに便利です.

全部一度に実行したい場合にはメニューの「Cell」→「Run All」
をクリックするとよいでしょう(**図6**).

ノートブックは一度実行すると結果が記録されます. もし実行
結果を全て消してノートブックをリセットしたいなら, メニュー
の「Kernel」→「Restart & Clear Output」をクリックします(**図
7**). このときは変数などに格納された値も全てリセットされるの
で消えてしまいます. ノートブックのリセットと全てのセルのプ

図5　セルにカーソルを持って行き RUN ボタンを押すとそのセルのプログラムだけ実行できる

図6　一度に全部実行したいときは「Cell」→「Run All」

ログラムを実行するには「Kernel」→「Restart & Run All」をクリックします.

■ ライブラリの読み込みとデータ生成

　09 K-meansで分類実験.ipynbのプログラムを説明します. プログラムの中ではK-meansの基本的な利用方法で必要なライブラリ, データの準備, 機械学習, 結果の表示を行っています.

图7 リセットしてから実行するときは「Kernel」→「Restart &
Run All」

● ライブラリを読み込む

最初にライブラリを読み込みます(In[1]). scikit-learn 用に
NumPy, グラフ表示のために Matplotlib, scikit-learn のクラス
タリング用に cluster, クラスタリングするためのデータ生成に用
いる datasets を読み込みます.

```
In [1]
# ライブラリの読み込み
import numpy as np
import matplotlib.pyplot as plt

# scikit-learnライブラリの読み込み
from sklearn.cluster import KMeans
from sklearn.datasets import make_blobs
```

● データ生成のための設定

データ生成のためのサンプル数(300)と乱数のシード(35)を設
定します(In[2]). シードを設定すると同一の数字であれば同じ
サンプルが得られるので実験用に設定しています. もしランダム
にデータ生成する場合には不要な値です.

データをランダム生成するのに scikit-learn の make_blobs
関数を使っています. 引き数 n_samples にサンプル数(300),
引き数 random_state にシード(35)を設定しています. もし
ランダムにデータを生成するなら「X, y = make_blobs(n_
samples=n_samples)」に書き換えるとランダムにデータ生
成されます.

```
In [2]
# サンプル数を設定
n_samples = 300
# 乱数のシードを設定
random_state = 35
# データをランダムに生成
X, y = make_blobs(n_samples=n_samples, random_state=random_state)
```

● 生成したデータをグラフにして確認する

　ここでデータをグラフに表示して確認します(In[3]).
Matplotlibでグラフに日本語を表示させると文字化けしてしまう
のであらかじめ日本語フォントを設定します. 今回は「=」の後
ろの値にIPAPGothicを設定していますが, 好きなフォントを
設定できます.

　データ表示には散布図を使用します. 散布図を作るにはplt.
scatterにデータを渡します. plt.titleでグラフのタイト
ルを表示させています. グラフ表示にはplt.show()を使いま
すがJupyterのノートブックではここままでグラフが表示されま
す. 表示された散布図を見ると直感的に2つないしは3つのクラ
スタに分類できそうな気がします.

```
In [3]
# フォント指定
plt.rcParams['font.family'] = 'IPAPGothic'
# グラフ表示
plt.scatter(X[:, 0], X[:, 1])
plt.title("生成データの表示")

Out [3]
<matplotlib.text.Text at 0x6d6ad330>
```

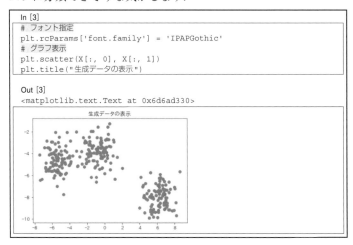

■ データのクラス分け

● 3つに分類する

K-meansでデータをクラスタリングして分類します（In[4]）．
データを見たときに3つに分類できそうな感じでしたので，ここ
では3つに分類してみます．

最初に変数Kに3を代入し，KMeans関数に変数Kをクラスタ
数として設定しています．KMeans関数の後ろにある fit_
predict でK-meansを使った分類（モデル構築と予測）を行っ
ています．クラスタリング結果は変数y_predに格納されます．
格納されたデータは，生成したデータ（X）に対しての個別のクラ
スタ（ラベル）です．

ラズベリー・パイ上でプログラムが実行されていますが5秒も
かからずにプログラムが終了します．アルゴリズムが簡単なので
組み込み系小型コンピュータでセンサ・データに自動ラベル付け
するような使い方でも処理速度には問題なさそうです．もっと大
量のデータを使って処理速度の変化を見ることもできます．サン
プル数の設定に戻って変数n_samplesに代入する値を300か
ら5000に変更して上から順番に実行すれば試すことができます．

```
In [4]
# クラスタ数を設定
K = 3
# クラスタリング
y_pred = KMeans(n_clusters=K).fit_predict(X)
```

94

● **分類結果を図で確認する(In[5])**

　クラスタリングの結果，どのようなデータ分類になったのかを散布図でもう一度確認してみます．今度はデータに色を指定してどのように分類されたのかを視覚的に見分けられるようにします．plt.scatterにデータを渡す際に引き数cにクラスタリング結果y_predを代入して値ごとに色を自動設定するようにしました．プログラムを実行して表示される散布図を見るとプロットされている点の色が塊ごとにはっきりと分かれて表示されています．

　ここまで見てきたように分類ルールを記述しなくても分類することができました．よくExcelなどでデータを分類する場合にはデータの軸に対してある値以下かそれ以上などのルールを作って，うまく分類できないと値を調整することが多いのではないでしょうか．K-meansを使うと最初に指定した塊（クラスタ）になるように自動計算できるのでExcelを使ってルールベースで分類するよりも楽に分類結果が得られます．

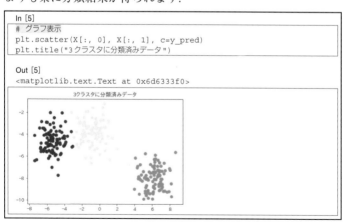

```
In [5]
# グラフ表示
plt.scatter(X[:, 0], X[:, 1], c=y_pred)
plt.title("3クラスタに分類済みデータ")
```

```
Out [5]
<matplotlib.text.Text at 0x6d6333f0>
```

■ クラスタ数を変えてみる

● 2に変えてみる

　次にクラスタ数を変えて実験してみます(In[6]). もともと, 生成したデータはぱっと見で2つか3つのクラスタになりそうでした. 今回は2つにして散布図を表示してみます. 思い描いたような2つの分類になるかどうかを試してみてください.

　プログラムの変更点は変数Kに代入する値を3から2に変更するだけです. プログラム実行後に散布図が表示されます. 散布図を見て想像されていたような2つの塊(クラスタ)になったでしょうか. 人間の直感で得られた結果に近い散布図になっていれば成功です.

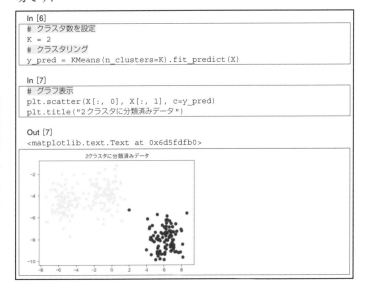

```
In [6]
# クラスタ数を設定
K = 2
# クラスタリング
y_pred = KMeans(n_clusters=K).fit_predict(X)
```

```
In [7]
# グラフ表示
plt.scatter(X[:, 0], X[:, 1], c=y_pred)
plt.title("2クラスタに分類済みデータ")
```

```
Out [7]
<matplotlib.text.Text at 0x6d5fdfb0>
```

● 4に変えてみる

K-meansの特性を見るためにもう1つクラスタリングを行います（In[8]）。今回は4つの塊（クラスタ）に分類してみます。直感的にはどのように4つに分類するのだろうと悩むかもしれません。また他の人が考えている4つの分類は異なる分類方法になっているかもしれません。もし他の人が異なる分類を思い描いていたとしたらお互いの知識や経験、常識の違いがあったかもしれません。このような違いが出ると不都合があるかもしれません。

プログラムを動かして、どのようなクラスタになるか確認します。念のためですが乱数のシード（35）のデータを使った場合としています。データの分類は上寄りに3つのクラスタ、下寄りに1つのクラスタができているはずです。上寄りのデータの塊が3つのクラスタになるのは想定外だったかもしれません。何度プログラムを再実行させても同一のデータとクラスタ数のパラメータを使うとK-meansの自動計算で同一の分類数になるはずです。

ここまでの参考資料は文献(1)です。

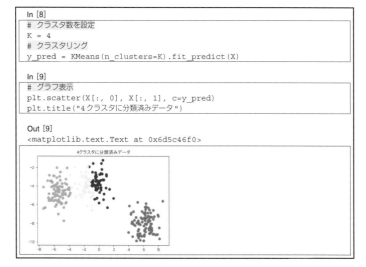

```
In [8]
# クラスタ数を設定
K = 4
# クラスタリング
y_pred = KMeans(n_clusters=K).fit_predict(X)
```

```
In [9]
# グラフ表示
plt.scatter(X[:, 0], X[:, 1], c=y_pred)
plt.title("4クラスタに分類済みデータ")
```

```
Out [9]
<matplotlib.text.Text at 0x6d5c46f0>
```

97

In[8]で変数Kに5（クラス数）を変更し，In[9]を再実行して各データ点の集まり（クラスタ）がどんな分け方になるか見てみましょう．

■ KMeans関数を詳しく

● デフォルト値をいろいろ変えられるとなおイイ

プログラムの中で機械学習を行っている部分はKMeans関数が書かれている1行だけです．scikit-learnは大体このように関数が非常に簡単に扱え，パラメータを設定することでさまざまな機能が利用可能です．KMeans関数には関数の引き数があり，明示的に指定しないとデフォルト値が使われます．参考としてデフォルト値を掲載します．また引き数の意味については**表1**で詳しく説明します．

```
sklearn.cluster.KMeans(n_clusters=8,
init='k-means++', n_init=10, max_
iter=300, tol=0.0001, precompute_
distances='auto', verbose=0, random_
state=None, copy_x=True, n_jobs=1,
algorithm='auto')
```

恐らく短すぎるプログラムなので驚かれるかもしれません．KMeans関数の引き数を駆使するとより高度なことが行えます．サンプル・プログラムは非常に簡単でしたがscikit-learnでは他の機械学習関数も似たような書き方なのですぐに理解できると思います．

開発時点のPythonバージョンは3.5.3，scikit-learnのバージョンは0.19.1です．最新はPythonバージョン3.6もありますが不具合の少ない3.5.3を選びました．scikit-learnは最新バージョンで，従来からある関数は不具合が取りの除かれており安定しています．

表1　各パラメータの概要

パラメータ名	説　明
n_clusters	クラスタ数(デフォルト値は8)
max_iter	学習を繰り返す最大回数の値 (デフォルト値は300)
n_init	異なる乱数のシードにより初期の重心を選択処理の実行回数 (デフォルト値10)
init	初期化の方法を指定(デフォルト値は'k-means++'で, その他に'random', 'ndarray'がある)
tol	収束判定に用いる許容可能誤差を指定 (デフォルト値は0.0001)
precompute_distances	データの距離からばらつき具合を事前計算するか否かを選択 (デフォルト値は'auto'で, その他にTrue, Falseがある)
verbose	モデル構築過程のメッセージ表示を選択 (デフォルト値は0で非表示, 1にすると表示)
random_state	乱数のシードを固定する場合に指定(デフォルト値はNone)
copy_x	事前にデータの距離を計算する場合, メモリ内でデータを複製してから実行するかどうか否かを指定 (デフォルト値はTrue)
n_jobs	初期化を並列処理する場合のCPUの多重度を指定 (デフォルト値は1で, −1は全てのCPUを割り当て, その他は整数でCPU数を指定)

最新機能についてはまだ不安定な部分もありますが今回は使用しないため問題ないでしょう.

● 追加問題

　モデル構築過程のメッセージを表示してみるために, In[8]のKMeans関数にパラメータverboseを追加してみます. 最終行のKMeans関数にパラメータverbose=1を追加して見てみましょう. 複数パラメータを設定する場合には「,」で区切って前後のパラメータを分離して記述します.

● 追加問題

　学習を繰り返す回数をデフォルト値の300から10に変更

してみます．In[8]の最初の行に%%timeを追加して，セル
の処理時間を表示するようにします（詳しくは第2部Jupyter
Notebook便利帳で解説します）．最終行のKMeans関数の
パラメータにmax_iter=10)追加して，きれいにクラスタ
が作成されるか見てみましょう．

＊　　　＊　　　＊

　K-meansの体験プログラムを説明しました．想像以上にプロ
グラムの書き方が簡単だと感じられていると思います．教師デー
タなしの機械学習が応用できるようになると大変手間がかかるデ
ータのラベル付け作業の自動化につなげられると思います．他に
もさまざまな応用法が考えられると思うので試してみてはいかが
でしょうか．

あのディープ・ラーニングの原型「多層パーセプトロン」を動かす

　scikit-learnのニューラル・ネットワークには，多層パーセプトロン方式を使った機械学習アルゴリズムがあります．

■ ディープ・ラーニングの原型「多層パーセプトロン」の特徴

　多層パーセプトロン(MLP)は，ニューラル・ネットワークの一種です．1958年に形式ニューロン(人工ニューロン)に基づくパーセプトロンが論文発表されました．1960年代のニューラル・ネットワーク・ブームで盛り上がりましたが，単純パーセプトロンは入力層と出力層だけの2層構造で学習でき，線形分離問題を解くことができました．しかし非線形分離問題を解くことができない欠点が明らかになり，さまざまな改良版が研究されてきました．

　1980年代に多層パーセプトロン(MLP，**図1**)が登場して，パーセプトロンの入力層と出力層の間に中間層を増やし，教師あり学習の手法で利用される誤差逆伝播学習法で学習させることで，線

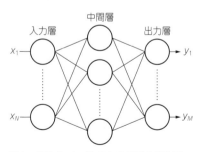

図1　多層パーセプトロン(MLP)の構造例
丸のノードは人工ニューロンであり，縦列で層を構成している

形分離問題だけでなく線形分離不可能な問題を解くことができるようになりました．入力層を除き，各層は非線形活性化関数を使用する改良がなされました．特徴とターゲットyを与えると分類または回帰のための非線形関数近似を知ることができます．

● **用途**

　多層パーセプトロンはパターン認識によく用いられます．1980年代に音声認識や画像認識，機械翻訳などを応用したアプリケーションに広く利用されていました．

　ラズベリー・パイでディープ・ラーニングによる学習を行うと1日では終わらないこともあるのではないでしょうか．処理性能に限界のある組み込み系小型コンピュータでも多層パーセプトロンを使って学習できます．ラズベリー・パイでクラウドレス機械学習としてIoT端末やエッジAIに応用するときにピッタリだと思います．天気を定点観測するようなケースでは，カメラやセンサからデータを取得して，学習モデルを使って天候を予測したり，溜まったデータから学習モデルを更新したりすることがラズベリー・パイだけでできます．

■ **プログラムの構成**

　ここでは筆者があらかじめ用意した[注1]画像データ（広告チラシ，新聞，フリーペーパ）を使って，多層パーセプトロンでデータの分類の実験をします．実験は，

- 機械学習に利用するデータの事前準備
- 初期値のパラメータによる学習とパラメータの値を変更しての学習実験

注1：体験サンプルAまたはDを使えば自作できる．

- グリッド・サーチとクロス・バリデーションによる最適パ
  ラメータでの学習
- テスト・データを用いた予測と予測結果の確認

の順に，一連の流れを通じてデータの準備から予測結果の確認ま
でを簡単に解説します．

07 多層パーセプトロンで分類実験.ipynbを開くと，4つの
ステップに分かれています（**図2**）.

- トレーニング・データとテスト・データの準備
- 学習と予測
- パラメータの当たりを付ける
- 再予測

「トレーニング・データとテスト・データの準備」が事前処理，
それ以降が機械学習の処理になります．

多層パーセプトロンは人工ニューロンを応用したニューラル・
ネットワークの一種です．基本構造は入力層，隠れ層（中間層），
出力層からなります．実は隠れ層を増やすとディープ・ラーニン
グ（深層学習）もできます．ですが単純に隠れ層や隠れ層のユニッ
ト数（人工ニューロン数）を増やすだけでは識別精度が向上しませ
ん．後ほど説明するMLPClassifier関数の説明にあるような
パラメータがあり，データの特徴に合わせて調整が必要です．

■ トレーニング・データとテスト・データの準備

ここではPythonライブラリを読み込み，体験サンプルAで撮
影した画像から作ったCSVファイルを読み込み，Pandasのデー
タ・フレームとして出力します．このデータを他のものに変えれ
ば，他のアプリケーションが作れます．

● 特徴量データの抽出

特徴量データには広告チラシ，新聞，フリーペーパを赤外線カ

104

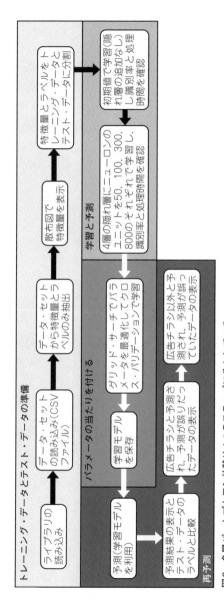

図2 多層パーセプトロン体験は4つのステップに分かれている

トレーニング・データとテスト・データの準備

ライブラリの読み込み → データ・セットの読み込み(CSVファイル) → データ・セットから特徴量とラベルのみ抽出 → 散布図で特徴量を表示 → 特徴量とラベルをトレーニング・データとテスト・データに分割

学習と予測

4層の隠れ層にニューロンのユニットを50、100、300、800のそれぞれで学習し、識別率と処理時間を確認 → 初期値で学習(隠れ層の追加なし)し識別率と処理時間を確認

パラメータの当たりを付ける

学習モデルを保存 → グリッド・サーチでパラメータを最適化してクロス・バリデーションで学習

再予測

予測(学習モデルを利用) → 予測結果の表示とテスト・データのラベルと比較 → 広告チラシと予測され、予測が誤りだったデータの表示 → 広告チラシ以外と予測され、予測が誤りだったデータの表示

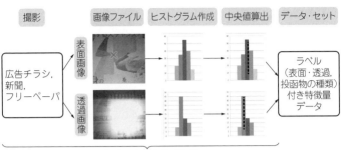

図3 特徴量データの抽出には表面画像と透過画像を使用した

メラで撮影した表面画像と，赤外線を透過させて撮影した透過画像を使いました（**図3**）．それぞれの画像からヒストグラムを算出し，そこから中央値を計算しました．特徴量データの1レコードには表面画像と透過画像の中央値を使っています．

データ・フレームには透過画像と表面のデータを連結して機械学習の処理に使うデータだけを抽出して，特徴量をデータ・セットにしています．変数data_trainに特徴量，変数label_trainにラベルを格納しています．

● トレーニングとテストのためのデータの割合

scikit-learnのAPIを利用してデータ・セットをトレーニング・データとテスト・データに2：1の割合で分割しました．この割合を変えて実験するにはtrain_test_split関数の引き数test_sizeに渡す数値を変えるだけで変更できます．例えばテスト・データの割合を半分にするなら，0.5にすると1：1の割合になりますし，0.4なら3：2の割合で分割できます．

またtrain_test_split関数の引き数random_stateの値を0にしています．通常は指定せずにランダムにデータ・セットからトレーニング・データとテスト・データを出力するのが

105

一般的です.

　結果としてデータを分割するたびに，異なる乱数によってトレーニング・データとテスト・データに含まれるデータが異なります．今回は体験用としてデータを分割する際に同じトレーニング・データとテスト・データになるように引き数 random_state に乱数のシード値を設定しました.

　トレーニング・データは特徴量を変数 X_train，ラベルを変数 y_train に格納し，テスト・データも同じように特徴量を変数 X_test，ラベルを変数 y_test に格納します（**図4**）.

● ライブラリの読み込み

　Python ライブラリとして time，NumPy，Pandas，Matplotlib，その後 scikit-learn のライブラリを読み込んでいます（**In[1]**）．最後の %matplotlib inline は Jupyter のノートブックでグラフをインライン表示するための設定です.

　scikit-learn のライブラリを読み出す前に NumPy を読み込んでいます．ニューラル・ネットワークのパラメータを最適化するために sklearn.model_selection，ニューラル・ネットワークの機械学習のために sklearn.neural_network を用います.

```
In [1]
# ライブラリの読み込み
import time
import numpy as np
import pandas as pd

# scikit-learnライブラリの読み込み
from sklearn import metrics, externals
from sklearn.model_selection import train_test_split,
GridSearchCV
from sklearn.neural_network import MLPClassifier

import matplotlib.pyplot as plt
%matplotlib inline
```

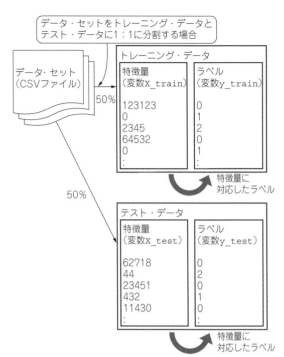

図4　トレーニング・データとテスト・データに分割して特徴量
とラベルを変数に格納する

● データの読み込み

データ・セットはあらかじめ体験サンプルAで作成したものを
用います(In[2]). CSVファイルの読み込みにPandasを利用する
ので読み込んだデータはデータ・フレームに格納しています. 格
納したデータをJupyterのノートブック上に表示します.

```
In [2]
# CSVファイルを読み込み
df = pd.read_csv('../体験サンプルA/pic_data.txt')
# データを表示
df
```

Out [2]

	label	side	angle	seq_num	hist	pic
0	0	0	0	1	11760.5	A_0001.jpg
1	0	0	-30	1	11141.0	A_0001.jpg
2	0	0	-45	1	10887.5	A_0001.jpg
3	0	0	-60	1	11128.0	A_0001.jpg
4	0	0	-90	1	11760.5	A_0001.jpg
1914	2	1	-225	60	23896.5	F_0060.jpg
1915	2	1	-240	60	24279.5	F_0060.jpg
1916	2	1	-270	60	24487.0	F_0060.jpg
1917	2	1	-300	60	23981.5	F_0060.jpg
1918	2	1	-315	60	23894.5	F_0060.jpg
1919	2	1	-330	60	24279.5	F_0060.jpg

```
1920 rows × 6 columns
```

● データ・セットの作成

データ・フレームに格納されているデータを加工してデータ・セットを作成します(図3, In[3]).

初めに広告チラシ,新聞,フリーペーパごとに透過画像(背面照明画像)と表面画像(前面照明画像)の特徴量データを取得しているので,連結して1レコードにします.

なぜ1レコードにする必要があるのでしょうか.1次元のデータ(リスト構造)では線形分離問題として機械学習で解くことができないため,2次元のデータを作ります.透過画像は紙の厚さを光の強さで測るセンサの代わりとして利用しており,表面画像は図柄のコントラストを取得するために利用しています.

データのside列の数字で透過画像と表面画像を見分けることができます.数字が0なら透過画像,0以外は表面画像です.透過画像と表面画像のそれぞれで必要な行だけ抽出し,最後にデータ・フレームの連結(pd.merge)でangleとseq_numを結合キーとしています.結合したデータ・フレームは変数datasetsに格納します.

```
In [3]
# 透過画像を抽出 (目的変数：label、説明変数：front_median、back_max)
back = df[df.side == 0]
# マージデータの抽出
back_tmp = back.loc[:, ['label', 'angle', 'seq_num',
                                          'hist', 'pic']]
# 列名を付け替え
back_tmp.columns = ['label', 'angle', 'seq_num',
                                          'back_max', 'pic']

# 表面を抽出
front = df[df.side == 1]
# マージデータの抽出
front_tmp = front.loc[:, ['angle', 'seq_num', 'hist']]
# 列名を付け替え
front_tmp.columns = ['angle', 'seq_num', 'front_median']

# 表面と透過画像を分離して結合
keys = ["angle", "seq_num"]
datasets = pd.merge(front_tmp, back_tmp, on=keys)
```

● **特徴量を設定**

　データ・セットにはトレーニング・データとテスト・データで
利用しないデータも含まれているため学習と予測に必要な情報だ
けを抜き出します(In[4]). データ・セットから広告チラシ，新聞，
フリーペーパの表面画像と透過画像から抽出した特徴量(ヒスト
グラムの中央値が格納されたfront_median列とback_max
列) を1レコードにして2次元データを作成します．変数
datasetsに格納されたデータ・フレームのうち，front_
median列とback_max列だけのデータ・フレーム(data_
train)を作成します. また多層パーセプトロンは教師あり学習
なので特徴量に対応するラベルが必要です. 変数datasetsか
らラベル(label列)も抽出してデータ・フレーム(label_
train)に格納します. 特徴量データが格納されたデータ・フレ
ーム(data_train)とラベルが格納されたデータ・フレーム
(label_train)が完成します.

```
In [4]
# 特徴量を設定
data_train = datasets[['front_median', 'back_max']]
# ラベルを設定
label_train = datasets['label']
```

● 特徴量データを散布図に表示

特徴量データがどのようなものなのかを散布図で表示します
(**In[5]**). データはx軸付近とそれ以外に分布して中央に空白地帯
があります. このデータはぱっと見で2つに分けようとした場合,
y軸(透過画像のヒストグラムの中央値)の2,000〜10,000の空白部
分のどこかに横線を1本引いて分けるのが簡単そうです.

```
In [5]
# 特徴量データをグラフにプロット
plt.scatter(data_train['front_median'], data_t
                                rain['back_max'], c='blue')

Out [5]
<matplotlib.collections.PathCollection at 0x6cd524d0>
```

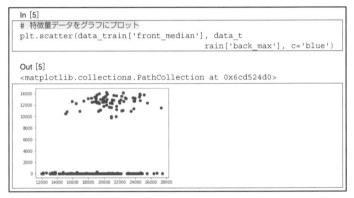

● トレーニング・データとテスト・データに分割

次に特徴量データとラベルを, それぞれトレーニング用とテス
ト用に分けます(**In[6]**). 分離には scikit-learn の `train_
test_split`関数(後述)を使うと, Pandas[注2]で分けるよりも
手間がかかりません.

注2:Pandasはデータ解析を支援する機能を提供するPythonライブラリです.
PythonでR言語のような数表および時系列データを操作するためのデータ構
造と演算を提供します. Pandas公式サイト(https://pandas.pydata.
org/).

関数の引き数を順番に説明すると，特徴量データ，ラベル，テスト・データのサイズ指定，乱数のシードを設定しています．今回も後でパラメータを変えて検証できるようにシードを0に固定していますが，データをランダムにピックアップするには不要な引き数になります．

　テスト・データのサイズは引き数test_sizeに0.3を設定しています．これは特徴量データの30%をテスト・データに割り当てるという意味で，トレーニング・データは残りの70%が割り当てられます．この引き数に1を設定すると100%の意味になります．データの量や質に応じて比率を変更できます．この関数が便利なのは特徴量データと一緒にラベルも同じ比率で割り当てられることです．

　トレーニング・データは変数X_trainが特徴量データ，変数y_trainがラベルになります．このデータを使って学習(モデル構築)して，予測にはテスト・データの変数X_testの特徴量データとモデルを用いてテスト・データのラベルを予測します．

　予測したラベルとテスト・データのラベルが格納されている変数y_testを比較することで分類精度(識別率)を算出します．テスト・データで試してみないと分かりません．識別率が高い分類器の方が上手にデータを分類でき，高すぎるとトレーニング・データの特徴に特化しすぎてオーバ・フィッティングを起こしてしまい，モデルの汎用性が低くなります．そうするとちょっとした特徴量の違いから分類に失敗することが増えます．

```
In [6]
# トレーニング・データとテスト・データに分離
X_train, X_test, y_train, y_test = train_test_
    split(data_train, label_train, test_size=0.3, random_state=0)
```

■ 学習と予測

● 隠れ層を追加せずニューラル・ネットワークを作る

　ニューラル・ネットワークを使って，用意した学習データから学習済みモデルを構築します（In[7]）．初めは初期状態（隠れ層追加なしの隠れ層1層だけ）の識別率，処理時間を確認します．処理の最初と最後は処理時間を計測するためのプログラムなので，ニューラル・ネットワークとは関係がありません．

　ニューラル・ネットワークの処理は，MLPClassifier関数が記述された行から開始します．

　パラメータ設定の効果を簡単に比較するためノートブック上で乱数のシードを42に設定しています．42の数字に特別な意味はありません．後ほど隠れ層のパラメータを変更して認識率や処理時間を比較する際に同じ条件にします．

　scikit-learnの多層パーセプトロンのデフォルトではソルバにadamが用いられ，その中では確率的こう配降下法を使っており，こう配を決める誤差関数が乱数に依存しています．通常はランダム・サンプリングして取り出したデータに対してこう配を計算するため，乱数が異なるとデータやパラメータが同一でも若干異なる結果になるはずです．同じ乱数を用いることでランダム・サンプリング時に同じこう配が計算されるようにしています．もしシードを設定しなかったり毎回異なるシードを設定したりするとランダム・サンプリング時に異なるこう配（たまたま同じこう配が計算される可能性もある）が計算されます．ひょっとしたらあるシード値のときのランダム・サンプリングがデータに対して適切なこう配に早く当たり，すぐに多層パーセプトロンの演算が早期に終わったり，または適切なこう配を遅く見つけたりすることもあり得ます．そうすると隠れ層の数やユニット数（ニューロン数）の違いによる識別率や処理時間なのか，ランダム・サンプリング

時にたまたま早く当たりを引いただけなのかが分からなくなります.

　次にclf.fitで引き数にトレーニング・データの特徴量データとラベルを渡してニューラル・ネットワークで学習（モデル構築）させます. 結果確認のところでclf.scoreにclf.fitのときと同じようにトレーニング・データを渡すと識別率が得られます.

　作った学習済みモデルの識別率が高いほど分類精度は高いと言えますが, 高すぎるとトレーニング・データに特化したモデルができている可能性があり, 汎用的なモデルになっておらず, トレーニング・データ以外では識別率が低くなることがよくあります.

　一概には言えませんが汎用的なモデルを構築する場合には大体60〜70%台の識別率になるようにするとよいと思います. 逆に異常検出などに応用する場合, 特定のセンサ・データを取り扱うような場面なら, 画像データのように大量のデータから特徴量を抽出するわけではないので, センサ・データの特徴量は狭い分散になっているでしょう. もし特徴量が狭い分散などになる特殊なデータを扱う場合には特化型のモデルを構築したいと思うかもしれません. そのようなときには90%以上の識別率になるモデルを構築するか, それだけはっきりと特徴が出る分野で応用するなら, モデル構築のパラメータ・チューニングを行うと, より最適なモデルができると思います.

```
In [7]
# 処理時間測定用
start_time = time.time()
# ニューラル・ネットで学習（予測精度の比較のためシードとして「42」を設定）
clf = MLPClassifier(random_state=42)
# 学習
clf.fit(X_train, y_train)
# 識別率の表示
print ("識別率：", clf.score(X_test, y_test))
# 処理時間の表示
pro_time = time.time() - start_time
print('処理時間: {0:.2f}'.format(pro_time))
```

```
Out [7]
識別率： 0.746527777778
処理時間： 0.42
```

● 隠れ層を設定して学習と予測を行う

　今度は隠れ層を明示的に設定して学習してみます(In[8])．
MLPClassifier関数の引き数hidden_layer_sizesを
追加しました．隠れ層のサイズ(ユニット数)を50，隠れ層の数を
4層にしました．識別率と処理時間がどのように変わるかを見て
みましょう．

　隠れ層のサイズは1つの隠れ層に含まれるユニット数(ニュー
ロン数)に相当し，ユニット数が増えるということは隠れ層の次
元が増加することを意味します．一般的にユニット数が少なけれ
ばデータの特徴に対して未適合により学習精度が悪くなり，ユニ
ット数が多すぎても過適合となってテスト・データの識別率が悪
くなります．ただしデータの特徴の複雑さ，データに含まれるノ
イズやトレーニング・データ数などの影響を受けるので，単純に
ユニット数の増減だけでは学習精度への影響を知ることができま
せん．最適なユニット数は未適合と過適合の中間のどこかにあり
ます．しかし初めは未適合も過適合もどこに位置しているのか全
く分かりません．デフォルトの隠れ層のサイズ(hidden_
layer_sizes)が100でしたので試しに50に設定します．

　次に隠れ層の数をデフォルトの1層から4層に増やしました．
一般的に隠れ層が2層以上や4層以上など複数ある場合は深層学
習(ディープ・ラーニング)と呼ばれます．ニューラル・ネットワ
ークの一種である多層パーセプトロンと多層パーセプトロンの隠
れ層を増やして深層学習にしたときの比較をしてみます．

```
In [8]
# 処理時間測定用
start_time = time.time()
# ニューラル・ネットで学習
```

```
clf = MLPClassifier(hidden_layer_sizes=(50,50,50,50,),
                                        random_state=42)
# 学習
clf.fit(X_train, y_train)
# 識別率の表示
print ("識別率:", clf.score(X_test, y_test))
# 処理時間の表示
pro_time = time.time() - start_time
print('処理時間: {0:.2f}'.format(pro_time))
```

Out [8]
```
識別率: 0.576388888889
処理時間: 1.41
```

● **隠れ層のサイズを 50 から 100 に増やす**

さらに隠れ層のサイズを増やして50から100にしました（In [9]）. 隠れ層1層かつユニット数100の多層パーセプトロンと隠れ層4層かつユニット数50のときの深層学習を比較してみます.

一般的に隠れ層が増えると線形分離問題だけでなく非線形分離問題も解きやすくなります. 欠点は隠れ層の次元が増えることによって演算処理が大幅に増えるので演算コストの増加につながります. どんな影響が現れるのかを見るために隠れ層のユニット数を100にしてみます.

識別率と処理時間がどのように変わるかを見てみましょう. 処理時間が1.41秒から3.50秒に増えました.

In [9]
```
# 処理時間測定用
start_time = time.time()
# ニューラル・ネットで学習
clf = MLPClassifier(hidden_layer_
                    sizes=(100,100,100,100,), random_state=42)
# 学習
clf.fit(X_train, y_train)
# 識別率の表示
print ("識別率:", clf.score(X_test, y_test))
# 処理時間の表示
pro_time = time.time() - start_time
print('処理時間: {0:.2f}'.format(pro_time))
```

Out [9]
```
識別率: 0.746527777778
処理時間: 3.50
```

● 隠れ層のサイズを300に増やす

さらに隠れ層のサイズを300に増やして実験してみます（In [10]）．ラズベリー・パイの処理性能だと45.34秒かかりました．サイズをある程度増やすと計算量が多くなり，大幅に処理時間を要するようになっているはずです．ニューラル・ネットワークの構造が複雑になればそれだけモデル構築にも時間がかかることが体験できたと思います．

```
In [10]
# 処理時間測定用
start_time = time.time()
# ニューラル・ネットで学習
clf = MLPClassifier(hidden_layer_
                    sizes=(300,300,300,300,), random_state=42)
# 学習
clf.fit(X_train, y_train)
# 識別率の表示
print ("識別率:", clf.score(X_test, y_test))
# 処理時間の表示
pro_time = time.time() - start_time
print('処理時間: {0:.2f}'.format(pro_time))

Out [10]
識別率: 0.576388888889
処理時間: 45.34
```

● 隠れ層のサイズを800に増やす

隠れ層のサイズを思いっきり増やして800にしてみます（In [11]）．この処理が完了するには337.00秒（5分以上）もかかりました．もはやあまり意味がないと思われるかもしれません．ですがラズベリー・パイでどの程度の処理負荷がかかるかを体験することで，組み込み系小型コンピュータでどこまでできるかの経験や勘が身につくのではないかと思います．なおサイズを2000にするとメモリ不足でエラーが発生して処理が異常終了しました．ラズベリー・パイはメモリを増設できません．スワップ領域を増やせば処理できそうですがmicroSDカードへのアクセスはメモリよりもかなり低速なので，無理にスワップ領域を使って処理するとパフォーマンスが大幅に低下するはずです．

隠れ層のサイズを変えてみるとサイズが増えれば識別率が向上するわけではないことが分かります．パラメータを変えて実験した結果，ヒストグラムを作成すると識別率が高くなる2つの山がありそうです．サイズによって識別率が変わるということは特徴量データに対して適切なパラメータの存在が考えられます．隠れ層の層を増やしてみましたが層の数を変えることでも識別率を変化させられるかもしれません．

```
In [11]
# 処理時間測定用
start_time = time.time()
# ニューラル・ネットで学習
clf = MLPClassifier(hidden_layer_
                    sizes=(800,800,800,800,), random_state=42)
# 学習
clf.fit(X_train, y_train)
# 識別率の表示
print ("識別率:", clf.score(X_test, y_test))
# 処理時間の表示
pro_time = time.time() - start_time
print('処理時間: {0:.2f}'.format(pro_time))
```

```
Out [11]
識別率: 0.746527777778
処理時間: 337.00
```

● **追加問題**
　In[11]の隠れ層を3に，ユニット数(人工ニューロン数)を50に変更して学習の進捗状況を表示し，識別率や処理時間がどのように変化するか見てみましょう．学習の進捗状況を表示するにはMLPClassifier関数のパラメータ(verbose=True)を追加します．

■ **パラメータの当たりを付ける**

● **なぜパラメータ調整が要るのか**
　一般的に機械学習は単一の計算手法ではなくさまざまな手法を組み合わせたアルゴリズムです．各種計算手法には初期値が必要なことが多いです．scikit-learnでは同じ関数の中でさまざまな

計算手法を呼び出して機械学習の演算を組み合わせており，ソルバの選択やミニバッチ数を選択できます．もしパラメータを指定して設定しなければデフォルトのパラメータが設定されます．

またパラメータ調整はデータの特徴に適合する識別率の良いモデルを構築するために必要です．人間の場合，散布図に各データ点を描いて見たときにはパターンやクラスタ（集合）などの特徴を簡単に見つけ出せます．機械学習では，トレーニング・データの特徴量からモデルを構築して特徴を学習すると予測できるようになります．

教師あり学習では，データの特徴に合わせてモデルを構築するときにモデルがデータの特徴に対して近似値を取るように調整します．例えば線形分離問題なら正解の直線に対して近似する直線が，非線形分離問題なら近似曲線が引けると識別率が高くなります．

さらに最適なパラメータの組み合わせは未適合と過適合の中間にあるはずですが，未適合と過適合が必ずしも1組だけあるとは限らず，複数の組が存在するかもしれません．

● **調整するパラメータ**

パラメータはデータの特徴が最も識別されやすいように調整します．例えば機械学習で集合データをAとBに分類したい場合，データを見て線形問題なのか非線形問題なのかを見分け，機械学習でデータを線形分離または非線形分離します．パラメータによってこの線の形，角度，範囲などを決定するアルゴリズムの選択や統計計算の初期値などを設定しています．

しかし最も分類精度が高くなるパラメータを設定するためには全てのパラメータの組み合わせを試す必要があります．そうすると膨大なパラメータの組み合わせが考えられ，全てを試そうとすると現実的な処理時間でパラメータを見つけることができません．

ケースによっては何年も計算し続けないと最も最適なパラメータが見つからないかもしれません．

　十分な分類精度が得られるパラメータに調整できればよいだけならば，複数のパラメータに対してある範囲で探索することもできます．探索範囲の中で高い識別率や処理コストの低いパラメータの組み合わせが見つけられるはずです．欠点としては探索範囲外の真に最適なパラメータの組み合わせを見つけられないことです．データの特徴から分離問題の種類を選び，そこに必要なパラメータの組み合わせを選んで探索範囲を絞り込みます．その範囲の中からより最適なパラメータを使ってモデル構築するとデフォルトのパラメータ設定を利用するよりも識別精度が向上するはずです．

● グリッド・サーチでパラメータを最適化してクロス・バリデーションで学習

　最適なパラメータを見つけるには，グリッド・サーチでパラメータを最適化する方法があります（In[12]）．

　グリッド・サーチとは，ハイパ・パラメータの探索空間を格子状（グリッド状）に区切って，交差となるパラメータの組み合わせを調べる手法です．この手法ではパラメータの組み合わせを使って機械学習で学習した結果を基に比較することで探索します．つまり探索空間を格子状に区切って交差していない部分については調べません．万能なパラメータの探索方法ではありませんが，探索するパラメータの組み合わせをグリッド・サーチに渡すことで自動探索されるので，手作業でパラメータを調整するよりも効率的です．

　またクロス・バリデーションは非常に効果的なので行った方が良いです．パラメータ調整のように難しいことがなく，トレーニング・データの一部（例えば80％）で学習し，残りの部分（20 ％）で

テストすることを繰り返します．例えばトレーニング・データを5〜20分割して，60〜80％を学習用にして残りをテスト用にします．たったこれだけのことですが，トレーニング・データの全量を1回の学習で使ったときよりも，少しずつ繰り返し学習した方が構築されるモデルの汎用性や識別率が高くなる傾向にあります．

　もちろん手作業による最適パラメータのチューニングの方が識別率が良くなるかもしれません．しかし，丹念に複数のパラメータから真に最適なパラメータを探索的に探そうとすると大変な時間がかかります．機械学習で分類するために集めたデータが古くなりすぎて使い物にならなくなったりすると手戻りが大きくなります．

　企業が行うディープ・ラーニングのパラメータ・チューニングに半年かかったなどの事例はよくあります．普通は同一のディープ・ラーニングのシステムをたくさん開発してデータの期間をずらしながら並列でチューニングして，ある時点で最適なモデルを構築します．

　パラメータは機械学習のシステムを作ったら終わるものではなく，予測が外れる前に新しいトレーニング・データでモデルを作り直し続ける努力が必要です．

▶パラメータを自動調整するためのツールが開発されている

　全部手作業でパラメータのチューニングを行うわけではないので安心してください．日進月歩で機械学習を効率的に利用するためのツールはどんどん開発されています．scikit-learnでは，GridSearchCV関数が用意されており，手作業でパラメータ・チューニングをしなくても，最適なパラメータを算出できます．

　時間をかければ，より適切なパラメータが見つかる可能性がありますが，ある程度の識別率でよければ，グリッド・サーチである程度当たりを付けて最適なパラメータを自動算出できます．機械学習の処理時間は変わらないのですが，手作業よりもずっと効

率的です．このツールで求める最適なパラメータはあらかじめ設定しているパラメータの範囲だけの検索になるので，真に最適なパラメータが潜在的にあったとしても，その存在の可能性は判断できません．それでも全て手作業で行うよりもずっと早く最適化が行えるので積極的に利用した方がよいと思います．

▶グリッド・サーチはGridSearchCV関数で

チューニングはGridSearchCV関数を使うと最適なパラメータを求めることができます．GridSearchCV関数はその名前の通りグリッド・サーチを行います．グリッド・サーチの実行時に検索するパラメータはこの中から組み合わせて最適なパラメータを自動計算します．ですのでこの範囲外のパラメータについては自動的に検索されることがありません．

▶各パラメータをこんな値に設定した

diparameterディクショナリを作成してパラメータを格納しています．パラメータには隠れ層（デフォルト値は100）のユニット数（人工ニューロン数）を50，100，200，300，400に，最大エポック数（引き数max_iter，デフォルト値は200）を1000に，ミニバッチ・サイズ（引き数batch_size，デフォルト値はauto）を20，50，100，200に設定しています．

また，引き数early_stoppingの値をTrueにして最大エポック数（引き数max_iterに代入した1000回）に到達するまでか，処理を短縮するために，分類が完了した場合は途中で処理を中止するまで繰り返します．

大量のデータでモデル構築を行う場合，ミニバッチ・サイズはデフォルト値を使うか10〜100の間を指定することが多いです．極端に大きな値を指定すると計算速度が落ちて最適化手法の効果が失われてしまいます．結果的に手作業で最適なパラメータを探すのと同じくらい時間がかかるはずです．

GridSearchCV関数でクロス・バリデーション（交差検定）を

行います．GridSearchCV関数の引き数cvに5を設定しています．この設定でトレーニング・データを5分割して4つを評価用トレーニング・データとして，1つを評価用テスト・データとして用いて，トレーニング・データの汎化性能を評価します．評価にはMLPClassifier関数（ニューラル・ネットワーク）を用いますが，他の機械学習なども設定可能です．このときの注意点としてニューラル・ネットワークで予測に利用するテスト・データを混ぜないようにします．混ぜてしまうとあらかじめモデル構築に利用したデータを予測でも利用することになり，学習と予測に同じデータが使われてしまうので必然的に識別精度が高く出てしまいます．

クロス・バリデーションを用いたグリッド・サーチの実行はlicv.fitで行います．このときにニューラル・ネットワークのトレーニング・データを渡します．処理時間は39.91秒でした．手作業で同じことを処理するよりも早く結果が得られるかと思います．

ディクショナリ（diparameter）の中身を修正して隠れ層のサイズや層数などを変更して試してみることができます．設定可能なパラメータは後述するMLPClassifier関数の説明を参考にできます．

```
In [12]
# 処理時間測定用
start_time = time.time()
# 検索するパラメータを設定
diparameter={
    "hidden_layer_sizes" : [(50,), (100,), (200,),
                                         (300,), (400,)],
    "max_iter" : [1000],
    "batch_size" : [20, 50, 100, 200],
    "early_stopping" : [True],
    "random_state" : [42],}
# グリッドサーチとクロスバリデーション
licv = GridSearchCV(MLPClassifier(),
            param_grid=diparameter, scoring="accuracy", cv=5)
# 学習
licv.fit(X_train, y_train)
```

```
# 処理時間の表示
pro_time = time.time() - start_time
print('処理時間: {0:.2f}'.format(pro_time))
```

Out [12]
```
処理時間: 39.91
```

● **追加問題**

In[11] のディクショナリ(diparameter)にある
"hidden_layer_sizes"に設定を変えて,隠れ層が2層
のものと3層のものを加えてグリッド・サーチの範囲を広げ
てみましょう(In[12]).算出した最適なパラメータを表示し
て異なる最適パラメータが求められるか確認してみましょう.

● **パラメータを保存**

GridSearchCV関数で最適なパラメータを自動計算しまし
た(In[13]).最適なパラメータはlicv.best_estimator_
に格納されているのでいったん変数predictorに代入して
predictor_mlp.pklに書き出します.書き出したパラメー
タを後々モデル構築や予測を行う際に再利用できます.再利用す
るときは model_load = externals.joblib.
load("./predictor_mlp.pkl")のように記述すると変
数model_loadに学習モデルが格納されます.テスト・データ
で予測するにはmodel_load.predict(X_test)を実行す
ると結果が得られます.

In [13]
```
# 最適なパラメータを取得
predictor = licv.best_estimator_
# 学習モデルを保存
externals.joblib.dump(predictor, "./predictor_mlp.
                                   pkl", compress=True)
```

Out [13]
```
['./predictor_mlp.pkl']
```

● 変数predictorの中身を表示する

変数predictorの中身を表示するには**リスト1**の**In[14]**のように実行します．**Out[14]**に示す結果から，最適なパラメータは，隠れ層のサイズ（変数hidden_layer_sizes）が400，ミニバッチのサイズ（変数batch_size）が20，学習の反復の最大回数（max_iter）が1000となりました．

```
In [14]
predictor

Out [14]
MLPClassifier(activation='relu', alpha=0.0001, batch_
                                      size=20, beta_1=0.9,
    beta_2=0.999, early_stopping=True, epsilon=1e-08,
    hidden_layer_sizes=(400,), learning_rate='constant',
    learning_rate_init=0.001, max_iter=1000, momentum=0.9,
    nesterovs_momentum=True, power_t=0.5, random_
                                      state=42, shuffle=True,
    solver='adam', tol=0.0001, validation_
                                      fraction=0.1, verbose=False,
    warm_start=False)
```

■ 再予測

今度はテスト・データを用いて予測を行います．トレーニング・データを使って，グリッド・サーチとクロス・バリデーションから検索した最適パラメータによる学習が完了しています．学習によって構築されたモデルにテスト・データを当てはめてラベルを予測します．あらかじめテスト・データにもデータ・セット作成時に用意したラベルがあるため，予測したラベルと比較することで予測精度が分かるようになっています．

● テスト・データを入力

predict関数にテスト・データの特徴量データを渡します（**In[15]**）．結果は変数test_predに配列に格納されます．

```
In [15]
test_pred = predictor.predict(X_test)
```

● 予測の精度を表示

　予測の識別率を確認するにはscore関数にテスト・データ(特徴量データ, ラベル)を渡します(In[16]). 今回の結果は識別率が0.746527777778でした. データが単純だったためか最初にニューラル・ネットワークを処理したときと同じでした. もう少し広い分散のデータであれば, 識別率に変化が出ていたかもしれません.

```
In [16]
# 予測精度を表示
print ("識別率：", predictor.score(X_test, y_test))

Out [16]
識別率： 0.746527777778
```

● 予測の結果を表示

　テスト・データから予測したラベルを表示します(In[17]). もともと広告チラシが0, 新聞が1, フリーペーパが2でした. 1と2は散布図でよく見分けが付けかなかったのでどうなるかと思いましたが, やはりうまく分類できていないようです. もしデータにもう1次元分の要素(例えば紙の光沢やパルプ繊維の識別可否などを特徴量に加える)があれば分類できたかもしれません. プログラムの結果からは1の新聞が見当たらないですが, 広告チラシだけを分類したい場合にはこれでなんとかなりそうです.

```
In [17]
# データを表示
print(test_pred)

Out [17]
[2 2 0 2 0 2 0 2 … 2 0 2 2 2 0 0 0 2 2 2 2 2 2 2 0
 2 2 2 2 2 2 2 2 … 2 0 0 0 2 0 2 2 2 2 2 2 2 2 0 2 2
 2 2 2 2 2 2 2 2 … 2 2 2 2 0 0 2 2 2 0 0 2 2 2 0 2 2
 0 2 0 0 2 2 2 2 … 2 2 0 2 0 2 2 2 2 2 2 2 0 2 2 2
 2 0 2 2 0 2 2 2 … 2 2 2 0 2 0 2 2 0 2 0 0 0 2 2 2 0
 2 2 2 0 2 2 2 2 … 0 0 2 2 2 2 2 0 2 0 2 2 2 2 0 2
 2 2 2 2 0 2 0 0 … 2 2 2 0 2 2 2 0 0 2 0 2 2 2 0
 0 2 0 0 0 2 2 0 … 0 0 2 2 2 0 2 2 2 2 2 2 0 2 2 2 0]
```

● 実際のラベルと予測結果とを比較する

テスト・データのラベルと予測結果の比較をします(In[18]).
そのままだと見分けが付きにくいので合否列を作成し,一致して
いればTrue,不一致であればFalseが表示されるようになっ
ています.Out[18]を見ると,新聞がフリーペーパと誤認識され
ています.

```
In [18]
df = pd.DataFrame({'テスト・データラベル' : y_test, '予測' : test_pred,
'合否' : list(y_test) == test_pred})
# データを表示
df
```

```
Out [18]
```

	テストデータラベル	予測	合否
881	2	2	True
406	1	2	False
14	0	0	True
708	2	2	True
20	0	0	True
869	2	2	True
603	2	2	True
382	1	2	False
285	0	0	True

```
288 rows × 3 columns
```

● 広告チラシとその他に分類できているか確認

テスト・データを使って予測した結果をグラフにプロットして,
広告チラシとその他に分類できているかどうかを確認します(In
[19]).学習と予測に利用したデータは3種類(広告チラシ,新聞,
フリーペーパ)なので,1対他(広告チラシ,その他)の2値分類問
題にしました.予測結果を確認するためにラベルごとに色分けし
たグラフを作成します.

最初にグラフ作成用データを予測ラベルごとに分離したテス
ト・データを用意します.テスト・データ(X_test)に予測結果

(df)を結合して1つのデータ・フレーム(df_test)にして特徴
量と予測ラベルが参照できるようにします. 結合済みデータ・フ
レーム(df_test)から予測結果が広告チラシ(予測列が0)のデー
タをデータ・フレームdf_test0に, その他(予測列が0以
外)をデータ・フレームdf_test1に格納しています.

　グラフは横軸に表面画像のヒストグラムの中央値, 縦軸に透過
画像のヒストグラムの中央値として各点(特徴量)を表示しました.
広告チラシとして予測されたデータ点は緑の星, その他は赤い四
角になり, 想定通りの分類になりました.

```
In [19]
# テスト・データに予測結果を結合
df_test = X_test.join([pd.DataFrame(df)])
# 予測結果からテスト・データ(広告チラシ)を抽出
df_test0 = df_test[df_test['予測']==0]
# 予測結果からテスト・データ(広告チラシ以外)を抽出
df_test1 = df_test[df_test['予測']!=0]

# 予測結果をグラフにプロット
fig = plt.figure()
ax = fig.add_subplot(1,1,1)
# フォント指定
plt.rcParams['font.family'] = 'IPAPGothic'
font = {'family' : 'IPAexGothic'}
# データの描画
ax.scatter(df_test0['front_median'], df_test0['back_
                max'], label=u'広告チラシ', c="green", marker="*")
ax.scatter(df_test1['front_median'], df_test1['back_
                max'], label=u'その他', c="red", marker="s")
# 軸のラベル設定
ax.set_xlabel(u'表面画像のヒストグラム中央値(暗 <-> 明)', fontdict=font)
ax.set_ylabel(u'透過画像のヒストグラム中央値(暗 <-> 明)', fontdict=font)
ax.grid(True)
ax.legend(loc='upper left')
plt.show()
```

Out [19]

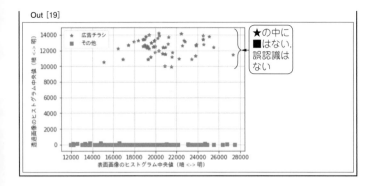

■ 多層パーセプトロンを実行してくれる**MLPClassifier**関数

　多層パーセプトロンを処理する際には，MLPClassifier関数を用います．デフォルト値のパラメータでもそれなりに識別率が出ると思います．設定可能なパラメータが豊富なのでニューラル・ネットワークの調整として不足はないはずです．これらを駆使すればより良い機械学習プログラムが作成できると思います．

● デフォルト値

```
sklearn.neural_network.MLPClassifier
(hidden_layer_sizes=(100, ), activation=
'relu', solver='adam', alpha=0.0001,
batch_size='auto', learning_rate=
'constant', learning_rate_init=0.001,
power_t=0.5, max_iter=200, shuffle=True,
random_state=None, tol=0.0001, verbose=
False, warm_start=False, momentum=0.9,
nesterovs_momentum=True, early_stopping=
False, validation_fraction=0.1, beta_1=
```

```
0.9, beta_2=0.999, epsilon=1e-08)
```
表1に各パラメータの概要を示します.

表1 MLPClassifier関数のパラメータ

パラメータ名	説　明
hidden_layer_sizes	隠れ層の層数とニューロン数をタプルで指定
activation	活性化関数を指定(デフォルト値は'relu'で, その他に'identity', 'logistic','tanh'がある)
solver	最適化手法の選択(デフォルト値は'adam'で, その他に'lbfgs', 'sgd'がある)
alpha	L2正則化のpenaltyを決める(デフォルト値は0.0001)
batch_size	solverで指定した最適化手法に対するミニバッチのサイズを指定(デフォルト値は'auto'でmin(200, n_samples)の計算から得られた値で, その他は整数で指定)
learning_rate_init	重みの学習率の初期値を指定(値を大きくすると学習が早まるが最適な重みに落ち着かない場合がある. 値を小さすぎると学習の進みが遅くなる)
learning_rate	重み学習率を更新する方法を指定(デフォルト値は'constant'で, その他に'invscaling', 'adaptive'がある)
power_t	どの程度の速度でlearning_rateを減少させるかを指定(デフォルト値は0.5でsolverが'sgd'で, learning_rateが'invscaling'のときだけ有効)
max_iter	学習の反復の最大回数を指定
shuffle	学習を反復するごとにサンプル・データをシャッフルするかどうかを指定(デフォルト値はTrueで, solverが'sgd', 'adam'のときだけ有効で特に意図を持って順番を固定したい場合でない限りデフォルト値を使う)
random_state	トレーニング・データをシャッフルするための乱数生成インスタンスを指定(デフォルトではnp.randomを使用)
tol	収束判定に用いる許容可能誤差(デフォルト値は1e-4)
verbose	学習の進捗状況を出力(デフォルト値はFalse)
warm_start	2回目以降fit関数呼び出し時に既に学習済みの重みを引き継ぐかを指定(デフォルト値はFalse)
momentum	重みの修正量を指定(デフォルト値は0.9, solverが'sgd'のときだけ有効)

nesterovs_ momentum	こう配計算時にMomentumを考慮するかどうかを指定（デフォルト値はTrue）
early_ stopping	テスト・データのスコアが2回連続でtol以下のときに学習を終了するかどうかを選択（デフォルト値はFalse）
validation_ fraction	テスト・データとして使うデータの割合を0～1の間で設定（デフォルト値は0.1で，early_stoppingがTrueのときだけ有効）
beta_1	$\beta1$の値を設定（デフォルト値は0.9で，solverが'adam'のときだけ有効）
beta_2	$\beta2$の値を設定（デフォルト値は0.999で，solverが'adam'のときだけ有効）
epsilon	εの値を設定（solverが'adam'のときだけ有効）

うまくいく/いかない2択の王者「ロジスティック回帰」を動かす

■ 幅広く使われる確率的分類「ロジスティック回帰」の特徴

　ロジスティック回帰は数量データが格納された説明変数(影響を及ぼす変数)を入力して2群のカテゴリ・データが格納された目的変数(予測したい変数)を求めます．目的変数は例えば「買う」または「買わない」のようにどちらかの値をとる2クラス(もしくは2択)の分類問題(2値分類問題)に利用されます．単純パーセプトロンと同じように線形分離問題を解くことができます．説明変数をS字のロジスティック曲線に回帰させ，y軸(確率)により分類します(図1)．

● 用途

　一般的にリスク分析に利用でき，企業や医学などの幅広い分野で応用されています．品質リスク・マネジメントの手法の1つで，リスク発生の可能性を見極めるのに利用されます．生産現場の品

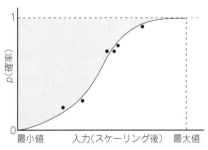

図1　確率的に分類するロジスティック曲線

質管理はもちろん，融資先の与信，企業の賠償リスク分析など，広く応用が効くアルゴリズムです．

　例えばマーケティングでは1年間の旅行回数と1回の旅行で使う金額を説明変数として利用し，世界一周クルーズ・ツアー商品を「買う」か「買わない」か(目的変数)を求めるのに利用します．ロジット関数により買う，買わないのいずれかになるよう確率的に分類します．こうすることで線形分離できない問題も2クラスに分類できるようになります．

■ プログラムの流れ

　08 ロジスティック回帰で分類実験.ipynbを開くと，以下の5ステップがあります．

- トレーニング・データとテスト・データの準備
- 学習と予測
- データの標準化
- 再学習
- 予測

■ トレーニング・データとテスト・データの準備

　「トレーニング・データとテスト・データの準備」は，多層パーセプトロンと同じなので簡単に説明します．

● ライブラリの読み込み

　ライブラリの読み込みはこれまで見てきた通りです(In[1])．scikit-learnのライブラリはsklearn.linear_modelでロジスティック回帰の関数を，sklearn.preprocessingで標準化の関数を，sklearn.metricsで評価用の関数を読み込んでいます．

```
In [1]
# ライブラリを読み込み
import time
import numpy as np
import pandas as pd

# scikit-learnライブラリの読み込み
from sklearn import model_selection
from sklearn.linear_model import LogisticRegression
from sklearn.preprocessing import StandardScaler
from sklearn.metrics import accuracy_score

import matplotlib.pyplot as plt
%matplotlib inline
```

● CSVファイルの読み込み

CSVファイルの読み込みからデータ・セットの作成までは，多層パーセプトロンで使用したプログラムを流用しています(In [2])．説明は割愛しますがCSVファイルで読み込んだデータは加工する必要があるので処理の流れを確認してみてください．

```
In [2]
# CSVファイルを読み込み
df = pd.read_csv('../体験サンプルA/pic_data.txt')
# データを表示
df
```

Out [2]

	label	side	angle	seq_num	hist	pic
0	0	0	0	1	11760.5	A_0001.jpg
1	0	0	-30	1	11141.0	A_0001.jpg
2	0	0	-45	1	10887.5	A_0001.jpg
3	0	0	-80	1	11128.0	A_0001.jpg
4	0	0	-90	1	11760.5	A_0001.jpg
5	0	0	-120	1	11141.0	A_0001.jpg
1916	2	1	-270	60	24487.0	F_0060.jpg
1917	2	1	-300	60	23981.5	F_0060.jpg
1918	2	1	-315	60	23894.5	F_0060.jpg
1919	2	1	-330	60	24279.5	F_0060.jpg

```
1920 rows × 6 columns
```

● データの読み込み＆特徴からの予測

今回は2クラス分類問題ですが，データは3クラス(広告チラシ，新聞，フリーペーパ)です．特徴量からどのような予測が導き出さ

133

れるのかを試してみます(In[3]，In[4]，In[5])．普通は2クラス
の分類問題のときは2つのラベル付きデータを用意するかもしれ
ませんが，どのような結果になるか試してみます．

```
In [3]
# 透過画像を抽出 (目的変数：label、説明変数：front_median、back_max)
back = df[df.side == 0]
# マージデータの抽出
back_tmp = back.loc[:, ['label', 'angle', 'seq_num',
                                          'hist', 'pic']]
# 列名を付け替え
back_tmp.columns = ['label', 'angle', 'seq_num',
                                          'back_max', 'pic']

# 表面を抽出
front = df[df.side == 1]
# マージデータの抽出
front_tmp = front.loc[:, ['angle', 'seq_num', 'hist']]
# 列名を付け替え
front_tmp.columns = ['angle', 'seq_num', 'front_median']

# 表面と透過画像を分離して結合
keys = ["angle", "seq_num"]
datasets = pd.merge(front_tmp, back_tmp, on=keys)
```

```
In [4]
# 特徴量を設定
data_f = datasets[['front_median', 'back_max']]
# ラベルを設定
label_f = datasets['label']
```

```
In [5]
# 特徴量データをグラフにプロット
plt.scatter(data_f['front_median'], data_f['back_max'], c='blue')
```

```
Out [5]
<matplotlib.collections.PathCollection at 0x6c86f510>
```

裏面から照射した画像のヒストグラムの中央値

チラシ

こっちは新聞とフリーペーパ．
光を通さなかったのでY軸のバラつきはなし

表面から照射した
画像のヒストグラム
の中央値

134

● トレーニング・データ，テスト・データの準備

　データ・セットの分割については，多層パーセプトロンのとき
と同じ関数(train_test_split)を使用しました(In[6])．分
割比率はテスト・データが33%になり，残りがトレーニング・デー
タとしています．引き数random_stateに0を指定してい
るのでこの処理を繰り返してもランダムにトレーニング・データ
とテスト・データの構成データが同じになるのも一緒です．

　トレーニング・データは変数X_trainに特徴量データ，変数
y_trainにラベルを格納しています．テスト・データは変数X_
testに特徴量データ，変数y_testにラベルを格納しています．

```
In [6]
# データ・セットをトレーニング・データとテスト・データに分離
X_train, X_test, y_train, y_test = model_selection.train_test_
        split(data_f, label_f, test_size=0.33, random_state=0)
```

■ 学習と予測

● 処理時間測定の準備

　ここではいったんロジスティック回帰のデフォルト(既定)値を
使ってモデルを構築します(In[7])．プログラムの前後には処理
時間の計測用プログラムを追加しています．このプログラムの処
理時間は0.0318秒でした．後ほどデータを標準化してモデル構築
を実施しますので，ここでの処理にかかった時間と比較してどの
程度モデル構築が効率的に行えるようになるか確認してみます．

　ロジスティック回帰でモデルを構築するには
LogisticRegression関数でインスタンス変数(pre_
log_reg)を定義します．fit関数にトレーニング・データの特
徴量データとラベルを渡すだけでpre_log_regに構築したモ
デルが格納されます．この方法はSVMや多層パーセプトロンな
どと同様です．scikit-learnの機械学習は関数に引き数を与える
だけでパラメータを設定できるものが多いので，簡単に使えます．

```
In [7]
start_time = time.time()             # 処理時間測定用
pre_log_reg = LogisticRegression()   # モデルの生成
pre_log_reg.fit(X_train, y_train)    # 学習
pro_time = time.time() - start_time  # 処理時間の表示
print('処理時間: {0:.4f}'.format(pro_time))

Out [7]
処理時間: 0.0318
```

● 予測

fit関数で構築された学習モデルを用いてpredict関数に
テスト・データの特徴量データを渡すと，予測結果が得られます
(In[8])．accuracy_score関数にテスト・データと予測結果
のラベルを比較してどれだけ同じラベルであるかを計算して識別
率を表示します．最も単純な学習と予測はこれだけで行えます．

LogisticRegression関数の引き数にはデフォルト値が
設定されており(後述)，表1に示すような機能があります．

```
In [8]
pre_test_pred = pre_log_reg.predict(X_test)   # 予測
# 識別精度を確認
print ("識別率:", accuracy_score(y_test, pre_test_pred))

Out [8]
識別率: 0.753943217666
```

● 追加問題

In[7] のLogisticRegression関数のパラメータ
(class_weight)にbalancedを設定してクラスに関連
づけられた重みを設定してみましょう．予測(In[8])を実行
して識別率がどのように変化するか確認してみてください．

■ データの標準化

● 特徴量の学習データは尺度をそろえる
機械学習に使う特徴量データは正規化したり標準化したりする

表1 LogisticRegression関数の設定パラメータと説明

パラメータ名	説　　明
penalty	ペナルティ基準を設定(デフォルト値は'l2'で,その他に'l1'も設定可能,ただし'newton-cg','sag','lbfgs'のときは'l2'だけ有効)
dual	プライマル・デュアル法(主双対法)の選択(デフォルト値はFalseで,boolも選択可能)
tol	収束判定に用いる許容可能誤差(デフォルト値は1e-4)
C	正則化強度の逆数を指定(デフォルト値は1.0)
fit_intercept	決定関数に定数を指定(デフォルト値はTrueで,boolも選択可能)
intercept_scaling	intercept_scalingに等しい一定値を持つ合成特徴量がインスタンス・ベクトルに追加する(デフォルト値は1,solverに'liblinear'が使用されたときだけ有効)
class_weight	クラスに関連づけられた重みを指定(デフォルト値でNone,その他に'balanced'も選択可能)
random_state	トレーニング・データをシャッフルするための乱数生成インスタンスを指定(デフォルトではnp.randomを使用)
solver	最適化問題のアルゴリズム選択(デフォルト値は'liblinear'で,その他に'newton-cg','lbfgs','sag','saga'も選択可能)
max_iter	学習の反復の最大回数を指定(デフォルト値は100)
multi_class	確率的平均こう配降下ソルバを指定(デフォルト値は'ovr'で,'multinomial'も選択可能)
verbose	学習の進捗状況を出力(デフォルト値は0)
warm_start	2回目以降fit関数呼び出し時に既に学習済みの重みを引き継ぐかを指定(デフォルト値はFalse,boolも選択可能)
n_jobs	初期化を並列処理する場合のCPUの多重度を指定(デフォルト値は1で,−1は全てのCPUを割り当て,その他は整数でCPU数を指定)

と,データの尺度がそろえられるので学習効率が向上する場合があります(In[9]).

　例えば特徴量データの1レコード目の特徴量が1～10で,2レコード目が1～100,000だとしたら,2レコード目の特徴量に大きな誤差に従って重みを最適化してしまうので1レコード目の重みが極端に軽くなってしまいます.ほとんどの機械学習では特徴量の

尺度がそろっていた方がモデル構築がうまくいくことが多いです.

▶正規化…特徴量データの尺度を0~1の範囲にスケーリング

正規化では特徴量データの尺度を0~1の範囲にスケーリングし直します. min-maxスケーリングを適用するので特徴量データの最小値と最大値に影響されます. 少数の外れ値がより強く反映されやすいです.

▶標準化…特徴量データの平均値を0として標準偏差値1になるように変換

標準化は特徴量データの平均値を0として, 標準偏差値1になるような変換を行います. 変換すると特徴量データは0を中心に正規分布に従うため外れ値から影響を受けにくい特徴があります. 正規化に比べて外れ値の影響の小ささを考慮すると多くの機械学習アルゴリズムでは標準化を採用した方が実用的かもしれません.

```
In [9]
# 標準化
sc = StandardScaler()
X_train_std = sc.fit_transform(X_train)
X_test_std = sc.transform(X_test)
```

● データ・セットを標準化すると認識率向上につながりやすい

一般的にデータ・セットを標準化すると識別率が向上すると言われます. scikit-learnライブラリの関数を使ってデータを標準化しなくても, NumPyで標準化しても結果は同じですし, NumPyを使わずにPythonで式を組み立てて標準化することもできます. 例えば複数のコンピュータで分散処理する場合に, 前処理を担当するコンピュータと機械学習を担当するコンピュータに分けて処理することもあると思います. 前処理ではscikit-learnがインストールされていなくてもデータ・セット作成ができます.

プログラムの中ではインスタンス変数scを生成して, fit_transform関数にトレーニング・データの特徴量データを渡し

ています．トレーニング・データを標準化したら同じように予測
に用いるテスト・データも標準化しなければ，尺度が異なり識別
率が低下してしまう恐れがあります．そこでtransform関数
にテスト・データの特徴量データを渡して同じように標準化して
おきます．

● トレーニング・データとテスト・データをプロット
　標準化したトレーニング・データとテスト・データを散布図に
して確認してみます(In[10]，Out[10])．散布図のラベルが
train 0とtest 0は標準化前の入力データ(特徴量データ)，
train 1とtest 1は標準化後の出力データ(特徴量データ)
です．散布図を見ただけではあまり分布が変わっていないように

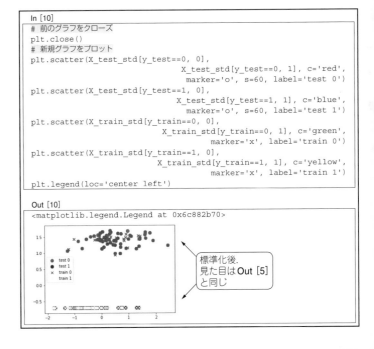

```
In [10]
# 前のグラフをクローズ
plt.close()
# 新規グラフをプロット
plt.scatter(X_test_std[y_test==0, 0],
                        X_test_std[y_test==0, 1], c='red',
                        marker='o', s=60, label='test 0')
plt.scatter(X_test_std[y_test==1, 0],
                        X_test_std[y_test==1, 1], c='blue',
                        marker='o', s=60, label='test 1')
plt.scatter(X_train_std[y_train==0, 0],
                        X_train_std[y_train==0, 1], c='green',
                            marker='x', label='train 0')
plt.scatter(X_train_std[y_train==1, 0],
                        X_train_std[y_train==1, 1], c='yellow',
                            marker='x', label='train 1')
plt.legend(loc='center left')
```

```
Out [10]
<matplotlib.legend.Legend at 0x6c882b70>
```

標準化後．
見た目はOut [5]
と同じ

見えます．本当にこれで何が変わるのか全く分からないままです．

■ 再学習

● 特徴量データを標準化した効果を確かめる

再学習のプログラムは同じです（In[11]）．標準化済みのトレーニング・データ（変数X_train_std）に変えてあります．fit関数は前回構築したモデルを引き継がないよう，引き数warm_startを記載していません．ここでは特徴量データを標準化した効果を確かめます．

```
In [11]
# 処理時間測定用
start_time = time.time()
# モデルの生成
log_reg = LogisticRegression()
# 学習
log_reg.fit(X_train_std, y_train)
# 処理時間の表示
pro_time = time.time() - start_time
print('処理時間：{0:.4f}'.format(pro_time))

Out [11]
処理時間：0.0196
```

● 特徴量データの標準化によりモデル構築が速くなる

実行結果は処理時間が0.0318秒から0.0196秒に減少して約40％高速になりました．散布図で見たときには何も変化がないように見えていましたが，特徴量データの標準化によってより高速にモデルを構築できました．少ないデータでも差が分かるほど違いが出ているのでラズベリー・パイのような小型コンピュータなら数千～数万レコードのデータ・セットを機械学習したときには標準化による高速化の効果がより大きくなるはずです．ラズベリー・パイのように，処理性能やメモリが少ない装置においては，データを標準化することを定常的に行った方がよいのかもしれません．

■ 予測

● 識別精度は変わらなかったが処理速度は向上

予測（判定）は，predict関数に標準化したテスト・データ（特徴量）を渡すと，変数test_predに結果が格納されます（In[12]）．予測したラベルの答え合わせはaccuracy_score関数に正解のラベル（y_test）と比較して識別率を算出します．筆者が実験したところ，識別率は0.753943217666で，データの標準化前後に変化がありませんでした．

今回の結果からデータを標準化するとラズベリー・パイでも処理速度の上昇が分かるくらいの変化があったので，組み込み系小型コンピュータでロジスティック回帰を行うときに同様の効果が期待できそうです．

```
In [12]
# 予測
test_pred = log_reg.predict(X_test_std)
# 識別精度を確認
print("識別率：", accuracy_score(y_test, test_pred))

Out [12]
識別率： 0.753943217666
```

● 結果の表示（In[13]）

予測したラベルを表示して確認してみます．変数test_predにテスト・データから予測したラベルが格納されているのでノートブックに表示します（Out[13]）．予測はちゃんと2クラスに分類されていました．ラベルは0（広告チラシ），2（フリーペーパ）でした．2クラスに分けようとしたので1（新聞）は0か2のどちらかのラベルとして分類されているようです．

```
In [13]
# 予測結果を表示
print(test_pred)
```

```
Out [13]
[2 2 0 2 0 2 … 0 0 0 2 2 2 2 2 2 2 0
 2 2 2 2 2 2 … 0 2 2 2 2 2 2 2 0 2 2
 2 2 2 2 0 2 … 0 2 0 2 2 0 0 2 2 2 2
 0 2 0 0 2 2 … 2 2 2 2 2 2 2 0 2 2 2
 2 0 2 0 2 … 0 2 0 2 2 0 0 0 2 2 2 0
 2 2 2 0 2 … 2 0 2 0 2 2 2 2 0 0 2
 2 2 2 2 0 2 … 2 2 2 0 0 2 0 2 2 2 2
 0 2 0 0 0 2 … 2 2 2 0 0 0 2 2 2 0 0 0
 0 2 0 2 2 2 … 2 0 2 2 2 2 2 0 0 0 0 2]
```

● テスト・データのラベルと予測結果の比較

テスト・データのラベル(y_test)と予測(test_pred)を比較します(In[14])．数字を並べただけだと分かりにくいので，「合否」列を作って，一致していればTrue，不一致ならFalseになるように計算してデータフレーム(df)に格納しました．dfの内

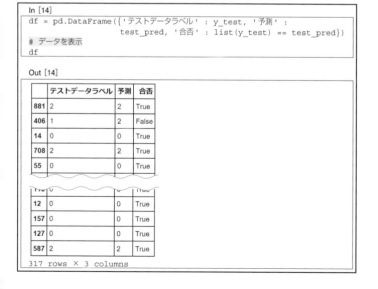

317 rows × 3 columns

容は Out[14]のようになりました.

● **広告チラシ以外が広告チラシとして分類されていないかを確認**

ここではラベル1(新聞)やラベル2(フリーペーパ)が広告チラシの中に混ざって分類されているか確認します(In[15]).dfの中には正解のラベルを格納済みなので,このラベルを使って0(広告チラシ)だけ抽出し,予測列を表示してみます.結果は全て0でしたので新聞は混ざって分類されていないようです(Out[15]).

```
In [15]
# 広告チラシに分類されたレコードをチェック
chk_df = df[df['テストデータラベル']==0]
# データを表示
print(list(chk_df['テストデータラベル']))

Out [15]
[0, 0, 0, 0, 0, 0, 0, 0, 0, 0, 0, 0, 0, 0, 0, 0, 0, 0, 0, 0, 0, 0, 0,
 0, 0, 0, 0, 0, 0, 0, 0, 0, 0, 0, 0, 0, 0, 0, 0, 0, 0, 0, 0, 0, 0, 0,
 0, 0, 0, 0, 0, 0, 0, 0, 0, 0, 0, 0, 0, 0, 0, 0, 0, 0, 0, 0, 0, 0, 0,
 0, 0, 0, 0, 0, 0, 0]
```
└─ 全て0だった

● **広告チラシ以外に分類されたデータのラベルを確認**

続けてdfの中から正解のラベルが0以外のレコードを抽出してテスト・データ・ラベル列を表示してみました(In[16]).結果はOut[16]の通りで1(新聞)と2(フリーペーパ)が混在していました.散布図で見たときも特徴が似ていたので3番のフリーペーパとして分類されたようです.

今回用いたデータは特徴が非常に分類しやすかったので広告チラシとそれ以外を100%分類することができました.特徴量が近い距離にある異なるラベルのデータを分類するときには識別率が低下するはずです.

```
In [16]
# 広告チラシ以外に分類されたレコードをチェック
chk_df = df[df['テストデータラベル']!=0]
# データを表示
print(list(chk_df['テストデータラベル']))
```

```
Out [16]
[2, 1, 2, 2, 1, 2, 2, 1, 1, 2, 1, 2, 2, 2, 2, 1, 2, 1, 2, 2, 2,
2, 1, 2, 2, 2, 2, 2, 2, 1, 2, 1, 2, 1, 1, 2, 1, 2, 1, 1, 2, 2, 2,
2, 2, 2, 1, 2, 2, 2, 1, 1, 2, 2, 2, 2, 2, 1, 1, 2, 2, 2, 1, 1,
1, 1, 1, 1, 1, 2, 2, 2, 1, 2, 2, 2, 2, 2, 1, 2, 2, 2, 2, 2, 2,
1, 2, 1, 1, 2, 2, 2, 1, 2, 2, 2, 2, 1, 1, 1, 2, 1, 2, 2, 2, 2,
2, 1, 1, 2, 1, 1, 2, 2, 2, 2, 1, 2, 1, 1, 2, 2, 2, 2, 2, 1, 1, 1, 2,
2, 2, 2, 2, 2, 1, 2, 1, 2, 2, 2, 1, 2]
```

● グラフに予測結果を表示する

　テスト・データを予測して広告チラシとその他に分類できているかグラフに各点を表示して確認します(**In[17]**). テスト・データは3種類(広告チラシ, 新聞, フリーペーパ)なので1対他(広告チラシ, その他)の2値分類になり, 予測ラベルごとに色分けします.

　最初にグラフ用に予測ラベルごとに分離したテスト・データを用意します. テスト・データ(X_test_std)に予測結果(df)を結合して1つのデータ・フレーム(df_test)にして特徴量と予測ラベルが格納されています. 結合済みデータ・フレーム(df_test)から予測結果が広告チラシ(予測列が0)ならデータ・フレーム(df_test0)に, その他(予測列が0以外)ならデータ・フレーム(df_test1)に格納します.

　グラフは横軸に表面画像, 縦軸に透過画像からヒストグラムの中央値を算出して各点(特徴量)として表示しました(**Out[17]**). 広告チラシとして予測されたデータ点は緑の星, その他を赤い四角として, 想定通りの分類になりました.

　データの特徴抽出が良いと比較的単純なアルゴリズムでも分類することができました. ラズベリー・パイはCPU処理能力に制約があるので可能であれば演算量の少ないアルゴリズムを選択でき

れば，より多くのデータ量を増やすことができ，モデルの識別精度と汎用性を向上させるのに役立ちます．

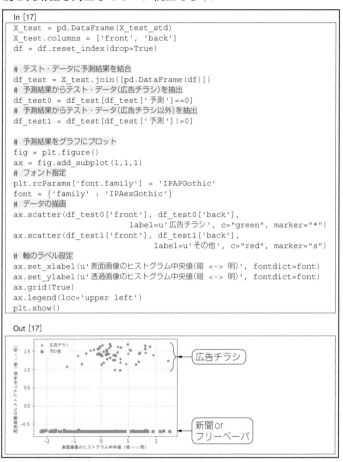

```
In [17]
X_test = pd.DataFrame(X_test_std)
X_test.columns = ['front', 'back']
df = df.reset_index(drop=True)

# テスト・データに予測結果を結合
df_test = X_test.join([pd.DataFrame(df)])
# 予測結果からテスト・データ(広告チラシ)を抽出
df_test0 = df_test[df_test['予測']==0]
# 予測結果からテスト・データ(広告チラシ以外)を抽出
df_test1 = df_test[df_test['予測']!=0]

# 予測結果をグラフにプロット
fig = plt.figure()
ax = fig.add_subplot(1,1,1)
# フォント指定
plt.rcParams['font.family'] = 'IPAPGothic'
font = {'family' : 'IPAexGothic'}
# データの描画
ax.scatter(df_test0['front'], df_test0['back'],
                      label=u'広告チラシ', c="green", marker="*")
ax.scatter(df_test1['front'], df_test1['back'],
                        label=u'その他', c="red", marker="s")
# 軸のラベル設定
ax.set_xlabel(u'表面画像のヒストグラム中央値(暗 <-> 明)', fontdict=font)
ax.set_ylabel(u'透過画像のヒストグラム中央値(暗 <-> 明)', fontdict=font)
ax.grid(True)
ax.legend(loc='upper left')
plt.show()
```

Out [17]

● グラフのクローズ

最後に事後処理を加えました(**In[18]**)．Jupyter Notebook上でプログラムの一部を再実行すると，同じ名前のインスタンス変数

が多重生成されてしまいます．インスタンス変数のクローズが記載されていないプログラムをよく見かけますが，使い方によってはPythonプロセスの終了とともに暗黙的にクローズされるので問題でないことがあります．ここでは明示的にクローズするようにしました．

```
In [18]
# グラフをクローズ
plt.close()
```

■ ロジスティック回帰を実現するLogisticRegression 関数を詳しく

LogisticRegression関数のパラメータのデフォルト値と概要は次のようになっています．ロジスティック回帰でよく用いられる機能をパラメータで設定することによって利用可能です．他の機械学習で使用した関数と共通するパラメータもあります．

デフォルト値は以下のようになります．

```
sklearn.linear_model.LogisticRegression
(penalty='l2', dual=False, tol=0.0001,
C=1.0, fit_intercept=True, intercept_
scaling=1, class_weight=None, random_
state=None, solver='liblinear', max_
iter=100, multi_class='ovr', verbose=0,
warm_start=False, n_jobs=1)
```

また，**表1**(137ページ)に各パラメータの概要を示します．

146

用語解説

● 隠れ層

　神経細胞のニューロンの機能の一部を数理モデルにしたもので人工ニューロンと呼ばれています．1つの隠れ層には複数の人工ニューロン(ユニット，ノード)が並んでいます．ニューラル・ネットワークの入力層や出力層の中間に位置するので，中間層とも呼ばれます．この層に値が入力される際には前層の人工ニューロンの出力に重みが結合された値を入力値とします．一般的にシグモイド関数のしきい値を用いて入力値がしきい値以上なら次層の全人工ニューロンへ向けて値を出力し，しきい値以下なら出力しません．隠れ層では値の伝達の制御が行われています．

● エポック数

　エポック数は同じトレーニング・データの学習回数です．一般的にニューラル・ネットワーク系の機械学習は，1回の学習では識別率の高いモデルを構築できません．同じトレーニング・データを使って何度も学習させて識別精度を向上させます．識別精度にはトレーニング・データに対する識別精度とテスト・データに対する予測精度があります．一般的にはバランス良く同じようなペースで精度が高まるとデータの特徴に対して収束したモデルができたと判断できます．

● バッチ・サイズ

　バッチ・サイズはミニバッチ・サイズとも呼びます．トレーニング・データを効率良く学習(モデル構築)するための工夫で，確率的こう配降下法(ミニバッチこう配降下法)が使われます．トレーニング・データを幾つかのミニバッチに分割して，人工ニューロンで処理します．ここで分割する単位がミニバッチ・サイズです．

用語解説（つづき）

　一般的にミニバッチを使うと識別精度の収束するのが高速になり学習時間を短くできます．トレーニング・データは識別精度が収束するまで学習が行われますが，トレーニング・データは1エポックごとにランダムにシャッフルされて，再びミニバッチごとに分割されて学習が行われます．これをモデルが完成するまでエポックごとに繰り返します．

● クロス・バリデーション

　クロス・バリデーション（交差検定．**図A**）は最も利用されている評価方法です．トレーニング・データを4つに分割した場合，そのうち1つをテスト・データとし，残りを学習に利用します．次のエポックでは前回テスト・データに使わなかった部分をテスト・データとし，残り3つをトレーニング・データとして学習に利用します．このように4つに分割したトレーニング・データの全ての部分がテスト・データとして利用されるまで繰り返すと，各エポックで学習した平均的なモデルを作成でき，1回で全てのトレーニング・データを学習するときよりも汎用性が向上します．このようなモデルで新たなテスト・データの識別精度が高くなる傾向があります．機械学習ではトレーニング・データ量も重要ですが学習回数も識別精度向上に寄与します．

図A　クロス・バリデーション

My人工知能を作る
ステップを体験する

第4部で要る物：p.156参照. ただし簡易版はラズベリー・パイ3
モデルB, ラズベリー・パイ専用カメラがあれば, 特別な部品や
工作なしで体験できます(Appendix3参照).

My人工知能を作るステップを体験する

Appendix 1

第4部でやること

　対象物を撮影し，予測結果をもとに対象物を自動的に仕分ける「AI判定マシン」を作りました（**写真1**，詳細はこの後の第4部 Appenndix2で）．AI判定マシンは，ラズベリー・パイ3モデルB やカメラ，センサ，モータなどを搭載しており，ここでは「AIポスト」として動かします．ポストに投函されるであろう広告チラシ，新聞，フリーペーパの画像を撮影し，自動で要るもの/要らないものに仕分けてくれます．

ポストのイメージ

ラズベリー・パイ3モデルB

写真1　予測結果をもとに対象物を仕分けてくれるAI判定マシン

第4部では，自分で人工知能を作れるようになるために，「学習データ収集/学習/予測/再予測」を試してもらいます（**図1**）．

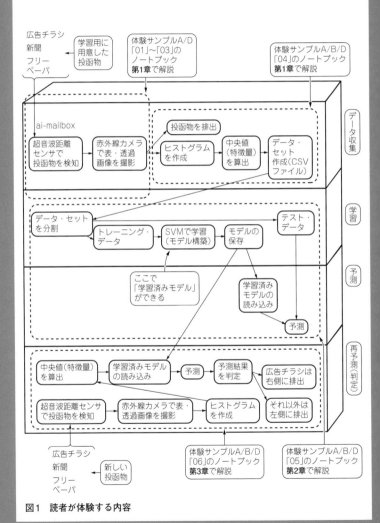

図1 読者が体験する内容

My 人工知能カメラのハードウェア

Appendix3（p.186～）の簡易版で試す方も，目を通しておいて
ください．

● 装置のあらまし

対象物を撮影し，予測結果をもとに対象物を自動的に仕分ける
「AI判定マシン」を作りました（図1，図2，写真1）．ラズベリー・
パイ3モデルBやカメラ，センサ，モータなどを搭載しており，ここ
ではAIポストとして動かします．ポストに投函されるであろ
う広告チラシ，新聞，フリーペーパの画像を多数撮影できるため，
学習データの収集にも利用しています．

● AI判定マシンに必要な部品

装置の作成には表1のような材料が必要です．工作の仕方によ
ってはもう少し材料が要るかもしれません．特殊な電子部品が一
切ないので通販でも揃えることができると思います．

Raspberry Pi PiNoirCameraは公式サイトで紹介されているラ
ズベリー・パイ専用カメラです．このカメラはUSB接続のPCカ
メラにない特徴を備えています．

大抵のPCカメラは，PCの画面から利用者が座る距離にピント
位置を設定しています．最短フォーカス距離が20cm以上あるの
で，これを装置に利用しようとすると内寸が30cm程度必要にな
り結構大きなサイズになってしまいます．装置のフレームが大型
化すると部品点数も多くなる可能性がありました．
PiNoirCameraはマニュアル・フォーカスなので，意図しないピ

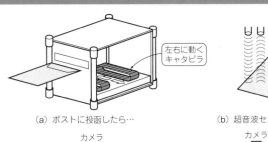

(a) ポストに投函したら…

(b) 超音波センサが物体を検知

カメラ

(c) 赤外線を裏面から照射
したときの画像を撮る

カメラ

(d) 赤外線を表面から照射した
ときの画像を撮る

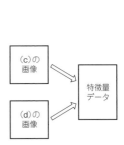

(c)の
画像

(d)の
画像

特徴量
データ

(e) 画像から特徴量を抽出

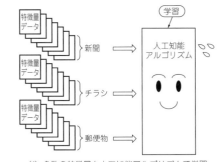

特徴量
データ → 新聞

特徴量
データ → チラシ

特徴量
データ → 郵便物

人工知能
アルゴリズム

学習

(f) 多数の特徴量を人工知能アルゴリズムで学習

学習を済ませた
人工知能アルゴリズム

ラズベリー・パイ

(g) 人工知能が投函されるものの種類を判定

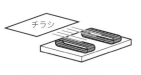

チラシ

(h) チラシなら左方向へ

図1 撮影対象物を自動で仕分けるAI判定マシンの動作
ポストに投函されたものの種類を判断する．要る物なら右に，要らない物なら左にキャタ
ピラが回転する

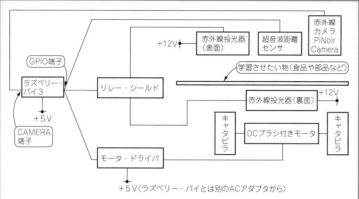

図2　AI判定マシンの機能ブロック

ンボケが発生せずにレンズから被写体までの距離が10cmでもピントが合います.

さらに,専用のPythonライブラリは簡単に使えるよう工夫されているのでお勧めのカメラです.

● ACアダプタは3個必要だった

部品を集める上でこだわったのが電源です.

▶ラズベリー・パイ用

ラズベリー・パイ3モデルBそのものは1.5Aくらいあれば動作します. HDMI端子やUSBポート, イーサネット・ポート, GPIO端子, カメラ端子に機器を接続しますので, 2A以上のACアダプタが必要になる想定でした. 電源供給に余裕を持たせるためにラズベリー・パイ分の1.5Aに対して1.5〜2倍の電流を出力できるとよいようです. 今回は少し余裕をもって2.5AのACアダプタを選択しました.

ラズベリー・パイだけなら1AのACアダプタでも警告は出ますが一応停止せずに動作してくれます. GPIO端子から電源供給をしようとすると電力不足で停止してしまうことがよくあります.

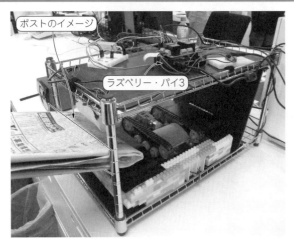

ポストのイメージ

ラズベリー・パイ3

(a) ポストに投函

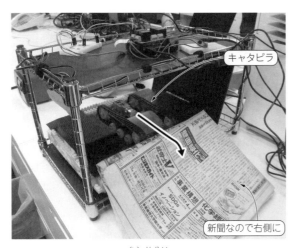

キャタピラ

新聞なので右側に

(b) 仕分け

写真1 体験サンプルA/B/Cの学習用データをAI判定マシンを利用して作った

表1 AI判定マシンの電気関係の部品

品　名	個　数	およその価格[円]	購入先
ラズベリー・パイ3モデルB	1	4,200	RSコンポーネンツ
Raspberry Pi Pi NoirCamera V2	1	2,800	RSコンポーネンツ
seeed studio Raspberry Pi RelayBoard v1.0	1	2,480	秋月電子通商
DRV8830使用DCモータ・ドライブキット	1	700	秋月電子通商
新・赤外線投光器キット	2	800	秋月電子通商
ブレッドボード用DCジャックDIP化キット	1	100	秋月電子通商
電源用マイクロUSBコネクタDIP化キット	1	130	秋月電子通商
スイッチングACアダプタ5V/2.5A AD-B50P250	1	1,100	秋月電子通商
スイッチングACアダプタ5V/1A AD-D50P100	1	580	秋月電子通商
超小型スイッチングACアダプタ12V/1A AD-K120P100	1	580	秋月電子通商
超音波距離センサHC-SR04	1	400	秋月電子通商
抵抗器(10kΩ，1/4W)	2		秋月電子通商
抵抗器(2kΩ，1/4W)	1		秋月電子通商
抵抗器(1kΩ，1/4W)	1		秋月電子通商
コンデンサ(47μF，10V)	1		秋月電子通商
コンデンサ(0.1μF，50V)	1		秋月電子通商
ブレッドボードBB-801	3	200	秋月電子通商
タミヤ　楽しい工作シリーズ　タンク基本セット	1	1,170	秋月電子通商
ブレッドボード・ジャンパーワイヤ(オス-メス)15cm(赤,黒,青,黄,白)	各1	350	秋月電子通商
ブレッドボード・ジャンパ・ワイヤ	1		秋月電子通商
ラズベリー・パイ・ケース	1	1,080	秋月電子通商
1×4Pメス/1×4Pオス 2.54mmピッチ コネクタ付ケーブル 30cm長	1	100	秋月電子通商
2.1mm標準DCプラグ付きケーブル 1.8m	2	500	Amazon
USBケーブル Aオス-マイクロBオス 1.5m	1	120	秋月電子通商
リード線セット(1m)	1		

またCPUをオーバ・クロック動作させるには3AのACアダプタがあるとよいようです．今回はオーバ・クロックをしないので不要と判断しました．

▶モータ用
ラズベリー・パイとは別の電源も用意します．タンク基本セットのDCモータとモータ・ドライブを動かすため専用ACアダプタ（1A）を用意しました．ラズベリー・パイのGPIO端子からの電力供給は200mAが上限になるのでDCモータは最初から分離する設計にしました．

▶赤外線投光用
赤外線投光器は12Vで動作するため専用ACアダプタを用意しました．別の方法として5Vと12Vの電源をまとめることも考えました．一部の電源を5Vから12Vへの昇圧したり12Vから5Vへ降圧したりすると変圧回路が必要になる上に変換ロスで必要以上に大容量のACアダプタが必要になります．電源が大きくなると大がかりな装置になってしまうので無理せず電圧ごとにACアダプタを分けました．

● 電子工作キットを使うと回路設計や動作検証が省略できる
これまで電子回路を設計したことがないため，装置の作成には電子工作キットを利用しました．キットを使えば必要な部品が全て揃っており，すぐに組み立てでき，想定通りに動きます．キットをGPIO端子に接続して通信するための規格が決まっているので接続に悩む必要はありません．モータ・ドライブ・キットにはサンプル・プログラムがあらかじめ用意されていたので，それを参考にしてPythonコードを記述できます．

モータ・ドライブ・キットは，I^2C通信で制御データを送ればDCモータの回転方向や回転速度などをコントロールできます．ラズベリー・パイとI^2C通信で接続するのでケーブル数も少なく

て済みます．また，モータ・ドライブ・キットは5Vの入力電圧から1Vや4Vなど異なる電圧をDCモータに送ることができます．

　赤外線投光器キットの明るさは2Wクラスになるそうです．見た目では明るさが全く分かりませんでした．明るさを確認するのに赤外線カメラを使って画像の明るさから判断するようにしました．カメラは明るさを自動調整する機能があるので感度や露出を固定して確認するとよいです．

　赤外線投光器の明るさを確認するにはカメラ撮影して確認しなければなりません．光や被写体表面の反射などの特性にも影響するため何度かテストする必要があるでしょう．撮影距離が20cm以内の撮影だと2Wクラスの赤外線投光器ではかなり明るく，光沢紙では画面が真っ白になってしまいます．そこでカメラの感度を落としたり，拡散板を投光器に取り付けたりする工夫が必要でした．

● おもちゃのブロックを使ったため台の形状や高さを5mm単位で調整できる

　表2に外装に使用した部品を示します．装置の紙やタンク基本セットを載せる台は基本的におもちゃのブロックを使いました．台の形状や高さを5mm単位で微調整できるので実際にタンク基本セットのキャタピラを動作させて台の形状を決めています．超音波距離センサがこの台を検知してしまう状態では紙はとても薄いので紙の有無を識別できません．台の天井より下へ超音波が通り抜けるように台の一部に空間を作りました．紙が台の上に乗ったときにはその空間をふさぐので超音波距離センサで距離を測定したときに差がはっきり分かるようになっています．後から調整できるブロックを使うことで工作がだいぶ簡単になりました．

表2 AI判定マシンの筐体作りに使った部品

品　名	個　数
棚(25cm×45cm)	2
ポール1本	4
留め具1セット	2
切って使える仕切り板(4cm×40cm 4枚入り)	1
ブロック※	15
園芸用大きい鉢底ネット(細目)	1
園芸用ワイヤ入りビニールひも	1
コード付きタップ(延長コード)	1
トレーシング・ペーパ A4	1
厚紙(黒) A4	1
布カラー粘着テープ(黒)	1
木ねじ(10mm)	4
結束バンド	20
木工用ボンド	1
釣り糸	1

※参考：ナノブロックのように小さなプチブロックではなく，青の背景に赤字で「ブロック」と書かれた一番狭い辺が1.5cmほどのパステル・カラーのブロックです

　タンク基本セットは切って使える仕切り板を使って格子状のフレームの上にセットしています．フレームにすることで空いている箇所をケーブルの配線スペースに利用しています．フレームとメタル・フレーム・ラックは園芸用ワイヤ入りビニールひもで結んでずれないようにしています．メタル・フレーム・ラックはメッシュ状のワイヤでできているので位置調整が簡単です．

ステップ1：
撮影/特徴抽出/データ・セット作成

Appendix3の簡易版で試す方も，目を通しておいてください．

● My人工知能を作るステップ

第4部では，自分専用のMy人工知能を作る方法を解説します．第3部では，用意済みの学習データを使って，お勧めの人工知能アルゴリズムを動かしながら理解を深めました．しかし本当は，My人工知能を作ろうと思ったら，学習用データの用意から始めないといけません．ここではその方法から紹介します．

アルゴリズムには，第3部ではまだ紹介していませんでしたが，いちおしの「サポート・ベクタ・マシン(SVM)」を使います．

■ ここでやること

● 全体像

フローを以下に示します．

1, データ集め
2, データの前加工
3, データから特徴量を抽出
4, データの分割(学習用とテスト用)
5, データの学習
6, テスト・データを使って学習したデータの確からしさを検証
7, チューニング
8, 新たなデータを取り込む
9, 新たなデータを判定

第4部第1章で1~3を，第2章で4~7を，第3章で8，9を試します．

● 「＊＊判定AIカメラ」のひな形にできる撮影装置で解説

実は人工知能の多くが，画像を使って判定するシステムです．本書の人工知能でも画像を使います．

ここでは，第3部で取り上げた「ポストに投函された郵便物を仕分けるAIポスト」を例に解説していきますが，センシング→撮影→AI判定→I/Oという汎用な作りになっているので，「＊＊判定AIカメラ」のようなものを自作する参考になると思います．画像の撮影にはラズベリー・パイ専用カメラを使います．

次のような利用が考えられます．

▶侵入者対策

人感センサで侵入者を検知したら照明を点灯し，撮影します．同時にパトランプを回すなどが考えられます．

▶動物の捕獲

加速度センサに値の変動があったら，照明を点灯し撮影します．同時にオリのドアを閉めます．

▶家の鍵を顔認証に

家の鍵を顔認証にすることも可能でしょう．

● 動作のあらまし

特集で用意したカメラ搭載装置の動作は以下の通りです．

- 撮影対象物が投函されたことを超音波センサで検知
- 投函物があれば赤外線を投光
- 画像フォルダの中をチェックして画像の通し番号を取得（これから撮影する画像にはその続き番号を付けるため）
- 撮影…紙の裏側から赤外線を照射した画像と，紙の表面から照射した画像

● 撮影画像の確認

　本章のプログラムはラズベリー・パイに用意してある「体験サンプル A」で動かせます．

　01　広告チラシの撮影.ipynb を開くと撮影対象物の撮影プログラムがあります．

■ ステップ1：初期設定

● ライブラリの読み込み

　最初にライブラリを読み込みます．ラズベリー・パイの GPIO 端子に接続された装置(センサ，モータ・ドライバ，リレー・シールド)を制御するため RPi.GPIO と smbus を読み込みます(In [1])．

　ラズベリー・パイのボード上にあるカメラ・モジュール用のリボン・ケーブル端子に赤外線カメラ(またはノーマル・カメラ)を接続します．赤外線カメラを制御するためには picamera ライブラリを使用します．

　その他，画像表示用に PIL，Matplotlib を，数値演算用に NumPy を読み込みます．最後に Python ライブラリではありませんが，Jupyter Notebook 上でインライン表示するために，%matplotlib inline を宣言しました．

```
In [1]
# ライブラリの読み込み
import os
import time
import glob
import RPi.GPIO as GPIO
import smbus
import picamera

# 画像表示用
from PIL import Image
import matplotlib.pyplot as plt
import numpy as np

# Jupyter Notebookでインライン表示用の宣言
%matplotlib inline
```

● カメラの初期化

 カメラは初期化しないと利用できません．あらかじめインスタンス変数cameraを生成して，利用できるようにしておきます（In[2]）．

```
In [2]
# PiCameraクラスのインスタンスを生成
camera = picamera.PiCamera()
```

● カメラの設定

 カメラを設定します．静止画だけでなく動画も撮影でき，通常のデジカメのように次のような設定項目(デフォルト値)があります．これ以外にも機能がありPiCameraドキュメンテーション（http://picamera.readthedocs.io/en/release-1.13/)で使い方を確認できます.

 PiCameraのデフォルトの画素は1920×1080です．今回は赤外線カメラをセンサ的に利用しているので画像の解像度が低くて鮮明でなくても支障がありません．そこで画素が640×640になるようにresolution関数に引き数(640, 640)を設定しました（In[3]）．

 実際に赤外線投光器を使って撮影してみたところ想像以上に明るさがありました．赤外線投光器を調整するにはハードウェアを変更する必要があったため，投光器側には拡散板を取り付けた上で赤外線カメラの設定を変更することにしました．まずbrightness関数でデフォルト値と同じ50を設定しています．何度か値を変えて調整してみましたがこの設定項目を変えると紙の種類(新聞紙や光沢紙など)によって赤外線の反射が極端に変化するため，画像が暗くなったり明るくなったりと安定しませんでした．設定の調整と紙の種類を変えてみて結局デフォルト値が良さそうだったので明示的に設定しておきました．

 画像の明るさを変えるのではなく露出を変えてカメラに入る光

の量を調整することで結果的に調整がうまくいきました．画像処理的なbrightness関数による調整よりもよりアナログ的な露出調整の方がバランスの良い画像になりやすいです．露出を変えるにはiso関数に引き数を渡すことで調整できます．デフォルト値は0で露出オートになっているところを50に固定しました．

```
In [3]
# 解像度設定
camera.resolution = (640, 640)
# 明度設定
camera.brightness = 50
# ISO設定
camera.iso = 50
```

■ ステップ2：センサやモータを使う場合の設定

● モータを使う場合①…リレーを使う

ラズベリー・パイのGPIO端子は，せいぜい数十mAしか流すことができません．外付けのリレー・ボードを制御できるようになると，リレー・ボード上で大電流を扱えるようになるので，次のようなことができます．

- LEDモジュールのON/OFF
- DCブラシ付きモータのON/OFF
- 電子鍵(ソレノイド)のON/OFF

ここではRaspberry Pi Relay Board v1.0の初期化とリレー制御用クラス作成を行います(In[4])．リレー・シールドには4つのリレーが付いていますが，使用するのはリレー1とリレー2だけです．シールドにはディップ・スイッチでI²C通信に使用するアドレスなどを変更可能です．ここではデフォルト設定を変更せずに利用しています．

プログラムはGitHubにあるjohnwargo/Seeed-Studio-Relay-Board/seeed_relay_test.py (https://github.com/johnwargo/Seeed-Studio-

Relay-Board/blob/master/seeed_relay_test.
py)を利用して，必要なところだけ残しました．内容としてはイ
ンスタンス変数busを生成して，Relayクラスを作りその中に
関数を作成しています．

コンストラクタ（__init__）を作り，I²C通信に必要な情報を
格納しています．インスタンスが生成されるとき，このメソッド
が自動的に呼び出されます．

リレー制御用としてON_1関数はリレー1を，ON_2関数はリ
レー2を個別にONにします．同じようにOFFできるように
OFF_1関数，OFF_2関数があります．リレー1とリレー2を同時
にOFFできるようにALLOFF関数を残しておきましたが実際に
はリレー1～リレー4と同様の制御が働きます．これで呼ばれた関
数がリレーの動作と連動するようになります．

```
In [4]
# SMBus クラスのインスタンスを生成
bus = smbus.SMBus(1)

# リレー制御用クラス
class Relay():
    global bus

    def __init__(self):
        self.DEVICE_ADDRESS = 0x20
        self.DEVICE_REG_MODE1 = 0x06
        self.DEVICE_REG_DATA = 0xff
        bus.write_byte_data(self.DEVICE_ADDRESS,
                    self.DEVICE_REG_MODE1, self.DEVICE_REG_DATA)

    def ON_1(self):
        self.DEVICE_REG_DATA &= ~(0x1 << 0)
        bus.write_byte_data(self.DEVICE_ADDRESS,
                    self.DEVICE_REG_MODE1, self.DEVICE_REG_DATA)

    def ON_2(self):
        self.DEVICE_REG_DATA &= ~(0x1 << 1)
        bus.write_byte_data(self.DEVICE_ADDRESS,
                    self.DEVICE_REG_MODE1, self.DEVICE_REG_DATA)

    def OFF_1(self):
        self.DEVICE_REG_DATA |= (0x1 << 0)
        bus.write_byte_data(self.DEVICE_ADDRESS,
                    self.DEVICE_REG_MODE1, self.DEVICE_REG_DATA)
```

```
    def OFF_2(self):
        self.DEVICE_REG_DATA |= (0x1 << 1)
        bus.write_byte_data(self.DEVICE_ADDRESS,
                    self.DEVICE_REG_MODE1, self.DEVICE_REG_DATA)

    def ALLOFF(self):
        self.DEVICE_REG_DATA |= (0xf << 0)
        bus.write_byte_data(self.DEVICE_ADDRESS,
                    self.DEVICE_REG_MODE1, self.DEVICE_REG_DATA)
```

● モータを使う場合②…制御用アドレス設定

モータ制御用にI²C通信アドレス設定を設定します(In[5]). リレー・シールドが20になっていたので同じアドレスは使えません. 幸いDRV8830使用DCモータ・ドライブ・キットのデフォルト・アドレスは64で, アドレスがかぶらないのでそのまま利用することにしました.

```
In [5]
# I2Cのアドレスを変数に設定
mtr_adr=0x64
```

● センサを使う場合の設定

▶制御用設定

対物センサ(超音波距離センサ)が利用できるように設定します(In[6]). センサとデータを送受信するためにナンバリング設定しています. GPIO.setmode(GPIO.BCM) でGPIO端子のピン番号(ラズベリー・パイ3なら1～40のピン番号) ではなくGPIOxx番号(ラズベリー・パイ3ならGPIO1～GPIO27)で指定しています. もしピン番号で設定するなら GPIO.setmode(GPIO.BOARD) を使います. どちらを使ってもよいのですが混在させることはできません. 超音波距離センサから超音波の送信はGPIO17で, 受信はGPIO23を使用します.

GPIOの初期化のためにcleanup関数を, データの入力と出力の割り当てにsetup関数を, 初期状態で超音波が送信され続

けないようにoutput関数を使います．output関数でGPIO17の出力を"L"(停止)に設定しました．

```
In [6]
# 使用するGPIO端子の番号指定
TRIG = 17
ECHO = 23

GPIO.setwarnings(False)

# GPIO端子の初期化
GPIO.setmode(GPIO.BCM)
GPIO.cleanup(TRIG)
GPIO.cleanup(ECHO)
GPIO.setup(TRIG, GPIO.OUT)
GPIO.setup(ECHO, GPIO.IN)
GPIO.output(TRIG, GPIO.LOW)
```

▶測定用設定

超音波距離センサによる距離測定用の関数を作ります(In[7])．関数を作っておけば，呼び出すだけで距離を取得できるようになります．超音波距離センサは超音波を送信して反射波が戻ってくるまでの時間から距離を算出します．計算は(送信時刻 − 受信時刻) ÷ 2で片道の時間を算出し，音速(ここでは34300)を積算すると距離に変換できます．

音速は意外とやっかいで，正確に計算しようとすると空気中の成分比率や温度により密度が変わり，音が伝わる速度が微妙に変化します．ですが1m以内の距離だと超高性能な超音波距離センサでもない限り違いは測定不能だと思います．

send_trig関数で超音波の送信(10μs間)と停止を制御して，echo_sig関数で超音波の反射波の測定します．reading関数はsend_trig関数とecho_sig関数を使ってセンサ・データを取得して時間を距離(cm)として算出します．

```
In [7]
# 関数：超音波発信
def send_trig():
    GPIO.output(TRIG, True)
```

```
    time.sleep(0.00001)
    GPIO.output(TRIG, False)

# 関数：エコー受信
def echo_sig(value, timeout):
    count = timeout
    while GPIO.input(ECHO) == value and count > 0:
        count = count - 1

# 関数：距離計測(音速は気温に関係なく固定値で設定)
def reading():
    send_trig()
    echo_sig(False, 10000)
    start_sig = time.time()
    echo_sig(True, 10000)
    finish_sig = time.time()
    distance = (finish_sig - start_sig) * 17150
    return distance
```

■ ステップ3：撮影

● 画像ファイルのシーケンス番号設定

体験サンプルAフォルダのサブフォルダpicに撮影した画像
ファイル(jpg)が保存されます(In[8])．装置はポストをイメージ
した投函物の自動仕分けを想定したものです．ここで扱う画像ファ
イルは広告チラシ，新聞，フリーペーパを赤外線カメラで撮影
した表面画像と，赤外線を被写体に透かして撮影した透過画像で
す(図1)．装置を使うと1つの被写体から表面画像と透過画像の2
枚を自動撮影し，それらを識別するアルファベットと同じ被写体
単位でシーケンス番号をファイル名に採番します．他の被写体と
ファイル名が重複しないようにシーケンス番号を設定しています．
新規に画像を撮影する際には過去に撮影した画像フォイル名から
最も新しいシーケンス番号を取得します．

プログラムは簡単でpicフォルダからjpgファイルをリスト
(file_list)に書き出して降順にソートすればリストの先頭
が最新のjpgファイルになります．jpgファイル名の3~6文字目
を取得して変数seq_numに格納します．格納した文字列から整
数に変換して変数seq_numと変数seq_num_bkにコピーしま

（a）チラシ…裏面からライト

（b）チラシ…表面からライト

（c）新聞…裏面からライト

（d）新聞…表面からライト

（e）フリーペーパ…
裏面からライト

（f）フリーペーパ…
表面からライト

図1　3種類の対象物を判別するために撮影した画像の例
たまたま表面/裏面から光を当てた画像としたが光を当てずに横から撮
影した画像と上から撮影した画像を使ってもよい

す．変数seq_numの値に1を足すと次に撮影するときに使うシーケンス番号が設定できます．もしpicフォルダにjpgファイルが格納されていなければリストの値が空になり，そのときはシーケンス番号に1を設定します．なお変数seq_num_bkの値は撮影画像確認の際の開始位置を識別するために利用します．

```
In [8]
# JPGファイル名を取得
files = glob.glob('./pic/*.jpg')
# 空のリストを作成
file_list = []
# 全ての画像ファイルからファイル名を取得
for f in files:
    # パスからファイル名だけを取得
    file = os.path.basename(f)
    # ファイル名をリストに格納
    file_list.append(file)
# リストにフィル名が格納されている場合
if len(file_list) > 0:
    # リストの要素を逆順ソート
    file_list.sort()
    file_list.reverse()
    # 最後のファイル名を取得
    latest_file = file_list[0]
    # ファイル名からシーケンス番号を取得して、1を加算
    seq_num = int(latest_file[2:6]) + 1
    # 最後に撮影されたファイル名を表示
    print('最後に撮影された画像ファイル名：', latest_file)
# リストにファイル名が格納されていない場合
else:
    seq_num = 1
    # 画像ファイルなし
    print('画像ファイルなし')
# 撮影後の画像表示用
seq_num_bk = seq_num
# 次に撮影する画像ののシーケンス番号を表示
print('次回撮影時に使うシーケンス番号：', seq_num)
```

● 連続画像撮影（透過画像→表面）

　ここでは装置に入った紙を連続撮影して，透過画像と表面画像を取得します（In[9]）．連続撮影を想定しているため，装置の中に15秒間以内に紙が入ってこないと撮影を自動終了するようになっています．なお，段ボール装置向けに「体験サンプルD」を用意しました．体験サンプルDの解説はAppendix 1を参照してく

ださい.

▶投光

　赤外線投光器を制御するリレー・シールドを初期化するため
Relayクラスを呼び出します. その後, 処理開始時間と処理経過
時間を初期化し, この時間を使って15秒のタイムアウトを判定
してプログラムを終了します.

▶紙のありなし判定

　while文の内の処理を繰り返し実行します. reading関数
を呼び出して超音波距離センサから距離を取得し, 11cm以内な
ら後続処理を行い, それ以外ならタイムアウト処理部分のプログ
ラムを実行します.

　後続処理を実行する場合, 最初に3秒間処理を一時停止するよ
うになっています. 装置内に紙が入った後に超音波距離センサで
距離を探知しますが, すぐに撮影が始まってしまうと装置内に紙
が挿入されている途中だったり, カメラの位置に紙が届いていな
かったりすることが想定されるため, プログラムを一時停止する
時間を設けました.

▶透過画像の撮影

　透過画像を撮影します. 紙の裏側から赤外線投光器で光を照射
して反対側から透過光を赤外線カメラで撮影します. 最初に
RelayクラスのON_1関数を呼び出してリレー1につながってい
る赤外線投光器をONにします. 赤外線投光器から出る赤外線
は電源投入直後に最大光量になりません. いったん, 0.3秒間のプ
ログラム停止をして最大光量になるのを待ってから次のステップ
を実行します. 変数save_picに保存する画像ファイル名を設
定します. 広告チラシの透過画像は「A_」から始まるファイル名
です. 撮影はPiCameraクラスのcapture関数を用いて行い
ます. ファイル名は変数save_picに格納された値を使い,
picフォルダに画像を保存します. 保存が終わったら撮影終了の

メッセージ表示を行います．最後にOFF_1関数を呼び出して赤外線投光器をOFFにします．

▶表面画像の撮影

次に表面画像の撮影を行います．紙の表面から赤外線投光器で光を照射して同一方向から赤外線カメラ撮影を行います．表面画像のファイル名は「B_」から始まります．ON_2関数で赤外線投光器をON，capture関数で撮影，OFF_2関数で赤外線投光器をOFFの流れは透過画像と同様です．

▶紙の排出

装置（ポスト）から撮影済みの紙を排出します．この制御にはSMBusクラスのwrite_byte_data関数でモータ・ドライブICとI²C通信を行います．モータ・ドライブICはFA-130RAにつながっており電圧範囲が1.5〜3.0Vです．実験したところ重さが軽い紙だと慣性が働かないのでモータを動かしている間しか紙が動きません．どうしても装置内に紙が引っかかりやすくなるため，電圧を3.77Vに上げてモータの回転を高速化したところ，紙が飛び出すように排出できるようになりました．

新聞のように重い紙でもモータが焼けずに動きます．モータ・ドライブICはモータにブレーキをかけることができますが，回転，減速，ブレーキの順で操作しないと回路が壊れる危険性があるため，write_byte_data関数で電圧が1.04Vでモータを回転させてギアボックスの抵抗などで自然停止するようにしました．このときにタイムアウト処理の開始時間を再記録し，画像ファイルのシーケンス番号をカウントアップしています．if文の処理はここまでです．

最後にタイムアウト処理を行います．経過時間は現在時刻から開示時間を引いて計算します．if文で15秒以上経過していればbreak文でwhileループを抜けてこのプログラムを終了します．もし，15秒未満なら2秒間の処理を一時停止してwhileループ

の最初に戻って処理を繰り返します.

```
In [9]
if __name__ == "__main__":
    # 赤外線投光器制御のリレーをデフォルトモードに設定
    relay = Relay()
    # タイムアウト用に処理開始時間を設定
    start_time = time.time()
    pro_time = time.time() - start_time
    # 赤外線カメラ撮影用のループ
    while True:
        # 超音波センサーで距離を取得
        cm_long = reading()
        # 距離が11cm以内の時に撮影開始
        if cm_long <= 11:
            # ポストに入ったものの動きがなくなるまで一時停止
            time.sleep(3)

            #######################
            ## 透過画像の撮影
            #######################
            # 赤外線LED点灯(点灯されるまで0.3秒待つ)
            relay.ON_1()
            time.sleep(0.3)
            # ファイル名に付けるシーケンス番号を設定
            save_pic = 'A_' + "{0:04d}".format(seq_num) + '.jpg'
            # 画像を撮影
            camera.capture('./pic/' + save_pic)
            print("透過画像の表画像の保存: " + save_pic)
            # 赤外線LED消灯
            relay.OFF_1()

            #######################
            ## 表画像の撮影
            #######################
            # 赤外線LED点灯(点灯されるまで0.3秒待つ)
            relay.ON_2()
            time.sleep(0.3)
            # ファイル名に付けるシーケンス番号を設定
            save_pic = 'B_' + "{0:04d}".format(seq_num) + '.jpg'
            # 画像の撮影
            camera.capture('./pic/' + save_pic)
            print("表画像の保存: " + save_pic)
            # 赤外線LED点灯
            relay.OFF_2()

            #######################
            ## ポストから紙を排出
            #######################
            # 前進(3.77v)
            bus.write_byte_data(mtr_adr, 0, 0b10111101)
            time.sleep(2)
            # 減速(1.04v)後、自然停止
            bus.write_byte_data(mtr_adr, 0, 0b110100)
```

```
            # 処理開始時間を再設定
            start_time = time.time()

            # シーケンス番号をカウントアップ
            seq_num = seq_num + 1

    #######################
    ## タイムアウト処理
    #######################
    # 経過時間を計算 (単位;秒)
    pro_time = time.time() - start_time
    print('測定距離: ' + str("{0:.2f}".format
                (round(cm_long, 2))) + ' cm\t未処理時の経過時間: '
                    + str("{0:.1f}".format(round(pro_time, 1)))
                                        + ' 秒')
    # 15秒以上、撮影されなければWhileループを抜けてプログラムを終了する
    if pro_time >= 15:
        print('タイムアウトのため処理終了')
        break
    else:
        time.sleep(2)
```

● **撮影画像の確認**

　撮影画像の確認(**In[10]**)はpicフォルダから透過画像(「B」で始まるファイル)だけをglob関数を用いてパスを取得してリスト化(files)します．リストの要素からos.path.basename関数でファイル名だけ抽出し，文字列の3～6文字目をスライスして整数に変換します．その値が撮影開始前のシーケンス番号が格納されている変数seq_num_bk以下ならリスト(file_list)に要素を格納し，Image.open関数でpicフォルダの該当シーケンス番号の透過画像をノートブックに表示します．そのまま画像を表示するとカラー画像になっており画像によって色彩が大きく異なるのでとても見づらいです．ラズベリー・パイの赤外線カメラは通常のカラー画像用のカメラ素子を使っており基本的にカラー画像が撮れますが，赤外線フィルタが付いていないため赤外線でも撮影可能です．画像ファイルをグレー・スケール化するためにnp.asarray関数を使って配列に変換した後，plt.imshow関数にてノートブック上に表示します．

　同じようにリスト(file_list)の要素を使って表面画像

（「A」で始まるファイル名）も表示します．最後に2つの画像のファイル名を表示して終了です．

```
In [10]
# フォルダからJPGファイル名を取得
files = glob.glob('./pic/B*.jpg')
if len(files) > 0:
    # 空のリストを作成
    file_list = []
    # 全ての画像ファイルからファイル名を取得
    for f in files:
        # パスからファイル名だけを取得
        file = os.path.basename(f)
        if seq_num_bk <= int(file[2:6]) and
                                        int(file[2:6]) <= seq_num:
            # ファイル名をリストに格納
            file_list.append(file)

    file_list.sort()
    for fname in file_list:
        # 透過画像ファイルの設定
        fname_back = 'A' + fname[1:]
        # 画像の読み込み
        im_back = Image.open('./pic/' + fname, 'r')
        # 画像をarrayに変換
        plt.subplot(121)
        im_back_list = np.asarray(im_back)
        # 貼り付け
        plt.imshow(im_back_list)

        # 画像の読み込み
        im_front = Image.open('./pic/' + fname_back, 'r')
        # 画像をarrayに変換
        plt.subplot(122)
        im_front_list = np.asarray(im_front)
        # 貼り付け
        plt.imshow(im_front_list)

        # ファイル名と画像を表示
        print('表面画像:' + fname + '\t透過画像:' + fname_back)
        plt.show()
else:
    print('画像ファイルなし')
```

● 事後処理

事後処理は忘れられやすいのですが，このプログラムを連続実行する可能性も考えてコードを追加しておきました（**In[11]**）．Jupyterのノートブックでは Kernel をリセットしないと変数の値がメモリに格納されたまま残ります．特にインスタンス変数をク

175

ローズせずに同一名で生成しようとするとエラーになります．同じようにGPIO端子の初期化を多重実行するとエラーになるのでここで設定を解放して初期状態にしています．

```
In [11]
# PiCameraクラスのインスタンスを閉じる
camera.close()
# 赤外線LEDの電源OFF
relay.ALLOFF()
# GPIO端子の初期化
GPIO.cleanup()
```

■ ステップ4：他の撮影対象の画像取得

人工知能に「これはAかもしれない」「Bかもしれない」「Cかもしれない」と推論（判定）してもらうには，学習用のデータとして，Aの1種類だけでなく，BとCに相当するデータも用意しなければなりません．

ここではデータBとして新聞を，データCとしてフリーペーパを撮影しますが，これがキュウリ/ヘチマ/カボチャの画像でも良いわけです．いろいろ応用できます．

● その1：新聞

他の撮影対象その1「新聞」の画像も取得します．プログラムは02　新聞の撮影.ipynbです．01　広告チラシの撮影.ipynbをベースに修正しただけですのでアルゴリズムは一緒です．変更点だけ説明すると「連続画像撮影」部分のプログラム変数save_picで指定していたファイル名が異なるだけです．

01　広告チラシの撮影.ipynbとの違いは広告チラシで透過画像のファイル名が「A」だったところが新聞では「C」で始まるファイル名です．また広告チラシでは表面画像のファイル名が「B」で始まりましたが新聞では「D」で始まります．

撮影画像の確認も01　広告チラシの撮影.ipynbとファイル名の最初の頭文字が異なるだけです（In[10]）．

176

● その2：フリーペーパ

　他の撮影対象その2「フリーペーパ」の画像も取得します．プログラムは03　フリーペーパの撮影.ipynbです．01　広告チラシの撮影.ipynbと連続画像撮影部分のプログラム変数save_picで指定していたファイル名が異なるだけです．

　01　広告チラシの撮影.ipynbとの違いは広告チラシで透過画像のファイル名が「A」だったところがフリーペーパでは「E」で始まるファイル名です．また広告チラシでは表面画像のファイル名が「B」で始まりましたがフリーペーパでは「F」で始まります．

　この撮影画像の確認も01　広告チラシの撮影.ipynbのときとファイル名の最初の頭文字が異なるだけです（In[10]）．

■ ステップ5：データ・セットの作成

　04　データセット作成.ipynbを開くと，データ・セット作成のプログラムがあります．SVMでデータ・セットに含まれる画像データの特徴量を学習してモデルを構築します．

　データ・セットは広告チラシ，新聞，フリーペーパを赤外線カメラで撮影した表面画像と透過画像から作成します．これらの画像ファイルから特徴を抽出する方法として画像に含まれる明るさをヒストグラムにし，そこから中央値を算出することで特徴量とします．

　ただし，学習させるデータ量が少ないと識別精度の良いモデルができないので，異なる角度の画像を生成します．そうすると撮影回数を削減できるのでデータ・セットの作成が効率的になるだけでなく，学習効率も向上してより良いモデルができるはずです．このプログラムの機能は，画像ファイルから角度の異なるトリミング画像を作成します．そして，そのトリミングした画像から，ヒストグラムの中央値を算出し，CSVファイルに書き出します

（図2）．

```
In [1]
# ライブラリの読み込み
import os
import glob
import csv
from PIL import Image
from PIL import ImageOps
import numpy as np
import matplotlib.pyplot as plt
import matplotlib.cm as cm
import pandas as pd

#Jupyterでインライン表示するための宣言
%matplotlib inline
```

● 各種設定

　ラベル付けと画像識別用のディクショナリ，回転角度リスト，CSVファイルのデータに付ける列名のリストを設定します（In [2]）．

　ディクショナリlabel_dictは，広告チラシ，新聞，フリーペーパを識別するためにラベルを設定をしています．このラベルはSVMの教師あり学習の際に重み付けの調整を行い，モデルの識別精度を向上させるのに役立ちます．

　アルファベットはファイル名の頭文字になっており，AとBが0（広告チラシ），CとDが1（新聞），EとFが2（フリーペーパ）になります．アルファベットから数字を検索できるようにします．ディクショナリfb_dictではアルファベットから0（透過画像），1（表面画像）を検索できるようにしています．

　リストanglesには画像を回転させるための角度をあらかじめ格納しています．データ・セットを水増しするために画像を回転させてオリジナル画像に加えて角度の異なる15の画像を作り出します．機械学習に利用するデータを水増しする方法としては画像のコントラスト，明るさなどを調整したり，フィルタによってわざとノイズを加えたりする方法があります．

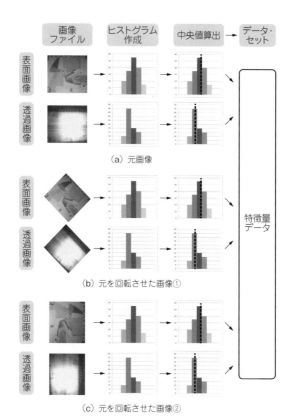

表面画像 透過画像 表面画像 透過画像 表面画像 透過画像

画像
ファイル
ヒストグラム
作成
中央値算出 → データ・
セット

特徴量
データ

（a）元画像

（b）元を回転させた画像①

（c）元を回転させた画像②

図2 撮影した画像を回転させて学習用データを増やした

CSVファイルを新規作成する際にヘッダとしてリスト header_listの要素を追記します．CSVファイルに画像ファイルから抽出した特徴量などを記録します．

```
In [2]
# ラベル付け用ディクショナリ
label_dict = {
    "A" : 0,
    "B" : 0,
    "C" : 1,
```

```
        "D" : 1,
        "E" : 2,
        "F" : 2
        }
# 表裏用ディクショナリ
fb_dict = {
        "A" : 0,
        "B" : 1,
        "C" : 0,
        "D" : 1,
        "E" : 0,
        "F" : 1
        }
# 回転角度リスト(時計回り)
angles = [0, -30, -45, -60, -90, -120, -135, -150,
                -180, -210, -225, -240, -270, -300, -315, -330]
# CSVファイルのヘッダ
header_list = ["label", "side", "angle","seq_num", "hist", "pic"]
```

● 画像ファイルのパス取得

　データ・セットに利用する撮影済み画像ファイルをpicフォルダから検索してパスを取得します(In[3]).後々,picフォルダに評価用の画像ファイル(ファイル名が「P_」や「R_」で始まります)も格納されますがトレーニング・データやテスト・データを作成するために除外する必要があります.

　glob関数でpicフォルダから全てのjpgファイルのパスを取得してリストpic_filesに格納します.リストpic_filesの要素をfor文で1要素ずつリストpick_listの要素と比較して一致している場合だけリストpic_listに格納します.結果としてリストpic_listの要素はOut[3]のようになります.

```
In [3]
pic_list = []
# 画像ファイルのリストを取得
pic_files = glob.glob('./pic/*.jpg')

# 学習用画像
pick_list = ['A_', 'B_', 'C_', 'D_', 'E_', 'F_']
# 学習用画像のみパスを抽出(評価用の「P_」や「R_」は除外)
for chk in pic_files:
    for chk_chr in pick_list:
```

```
            if chk_chr in chk:
                pic_list.append(chk)
# リストをソート
pic_list.sort()
pic_list
```

```
Out [3]
['./pic/A_0001.jpg',
 './pic/A_0002.jpg',
  ⋮
 './pic/B_0001.jpg',
 './pic/B_0002.jpg',
  ⋮
 './pic/C_0021.jpg',
 './pic/C_0022.jpg',
  ⋮
 './pic/F_0060.jpg']
```

● CSVファイルの確認

CSVファイルpic_data.txtが作成済みかどうかを確認します(In[4])．このファイルには画像のファイル名(pic列)，紙の種類(label列)，シーケンス番号(seq_num列)，特徴量(hist列)，透過画像と表面画像の識別(side列)，画像の回転角度(angle列)が格納されます．

```
In [4]
# CSVファイルの存在を確認
chk_file = os.path.exists('./pic_data.txt')
with open('./pic_data.txt', 'a') as f:
    writer = csv.writer(f, lineterminator='\n')
    # ファイルが存在していなければヘッダも書き込む
    if chk_file == False:
        writer.writerow(header_list)
        print('CSVファイルを作成')
    else:
        print('既存ファイルあり')
    f.close()
```

```
Out [4]
CSVファイルを作成
```

● カメラ画像からサンプル画像とラベルを作成

画像ファイルを使って画像を回転しつつヒストグラムの中央値を算出してCSVファイルに格納します(In[5])．このCSVファイルからデータ・セットを作成します．リストfront_listの要

素は画像ファイル（表面画像）の頭文字になり，あらかじめリストを用意しておきます．

　後ほどCSVファイル（pic_data.txt）からデータ・セットを作成します．CSVファイルには画像データの特徴量だけでなく行番号，被写体（広告チラシ，新聞，フリーペーパ）の識別フラグ，画像の回転角度，画像ファイル名，表面画像と透過画像を識別するフラグ，ヒストグラムの中央値などが格納されています．ここから行番号，表面画像および透過画像のヒストグラムの中央値だけを抽出して特徴量のデータ・セットとします．

　もう1つはCSVファイル（pic_data.txt）から行番号，被写体（広告チラシ，新聞，フリーペーパ）の識別フラグだけを抽出したラベルのデータ・セットも用意します．どちらのデータ・セットも行番号で同じ画像ファイルになるようにするため，ソートするなどして並び替えをしないようにします．

▶ 1 画像ごとに処理

　先ほどのプログラムで準備したリスト（pic_list）の1要素（画像ファイルのパス）をfor文で順番に処理していきます．このときにenumerate関数で要素をカウントして変数hに設定します．

　画像ファイル名からCSVファイルに格納する情報を取得します．変数jpgpicには画像ファイルのパスが格納されています．os.path.basename関数でファイル名だけを抽出して変数file_nameに格納してノートブックに表示します．

　次にファイル名の先頭文字を変数ftypeに，シーケンス番号を変数ori_seq_numに格納しています．変数ftype（頭文字）の値を使ってディクショナリlabel_dictを用いて該当する数字を検索して変数label（紙の種類）に格納します．ディクショナリfb_dictを用いて透過画像と表面画像を識別する値を変数sideに格納します．

続いて画像ファイルを読み込んで特徴量を抽出します．
Image.open関数で変数jpgpic，モードにr(読み込みだけ
専用でファイルを開く)を指定してファイルを開いて変数imに
格納します．

▶次元圧縮

　画像ファイルはデータ構造にRGBのカラー情報が含まれてい
ますが特徴量の抽出には不要です．このプログラムで扱うデータ
量を圧縮するためにもconvert関数にLを指定してグレー・ス
ケールに変換します．

▶画像からヒストグラムの中央値を算出

　画像ファイルからデータ・セットの水増しのために回転させた
画像を作成して，そこからヒストグラムの中央値を算出します．
あらかじめ用意しておいたリストanglesの要素を取り出しな
がらfor文で中央値の計算を繰り返します．for文でリスト
anglesの要素は変数angleに格納され，変数hにはリストの
要素数カウントが入ります．画像の回転にはrotate関数の引
き数に角度を与えます．NumPyのhistogram関数で変数tmp
(回転した画像)，引き数bins(ヒストグラムのビン数)から結果
を変数tmp_histに格納します．変数tmp_histにはヒスト
グラムの値，ビンの辺がそれぞれ20要素ほど含まれていますが
中央値の計算にはヒストグラムの値だけを使います．

▶特徴量はヒストグラムの中央値とした

　当初，透過画像はヒストグラムの最大値を特徴量にしようとし
ていましたがその後中央値に変更しました．透過画像は赤外線が
紙を通して透けて見えなければ画像が真っ黒のままになります．
実際は見た目が真っ黒でもカメラで撮影した画像にはノイズが乗
っており，想定外の高い値(想定外の明るさ)として記録されまし
た．画像処理を行ってノイズを取り除く方法もあるのでしょうが
処理が遅くなりそうなので表面画像と同じ中央値を使うことにし

ました．表面画像はヒストグラムの中央値を特徴量としています．
紙の種類(広告チラシ，新聞，フリーペーパ)によって紙質や印刷
されている柄(文字，写真などのパターン)から違いが出ると想定
しました．

　中央値計算にはNumPyのmedian関数に変数tmp_histの
0列(ヒストグラムの値)を渡すだけです．これまで作成した変数
をリストdata_listにまとめてopen関数の追記モードで
pic_data.txtを開き，csvライブラリのwriter関数でカン
マ切りテキストとして追記した後，close関数で開いたpic_
data.txtを閉じます．

```
In [5]
# ファイル名から表、透過の分類用リスト
front_list = ["A", "C", "E"]

# 1画像ごとに処理
for h, jpgpic in enumerate(pic_list):
    # ファイル名からファイルタイプを取得
    file_name = os.path.basename(jpgpic)
    print("処理中: " + file_name + "\t[ " + str(h + 1)
                            + " / " + str(len(pic_list)) + " ]")
    # ファイル名の先頭1文字を取得
    ftype = file_name[0:1]
    # ファイル名からシーケンス番号を取得
    ori_seq_num = int(file_name[2:6])
    # ラベルをディクショナリから取得
    label = label_dict[ftype]
    # 表裏をディクショナリから取得
    side = fb_dict[ftype]

    # 画像読込み
    im = Image.open(jpgpic, 'r')
    # 画像をグレースケール化 (次元圧縮)
    im = im.convert('L')
    # 画像からヒストグラムの中央値を算出
    for i, angle in enumerate(angles):
        # 画像を回転
        tmp = im.rotate(angle)
        # 画像からヒストグラムにする
        tmp_hist = np.histogram(tmp, bins=20)
        # ヒストグラムの中央値を算出
        hist = np.median(tmp_hist[0])
        # CSVファイルに書出す
        ## ラベル、中央値、表裏、角度、オリジナル画像の
        ##     シーケンス番号、画像ファイル名、オリジナル画像ファイル名をリストに追加
        data_list = [label, side, angle, ori_seq_num,
```

```
                                                hist, file_name]
        with open('./pic_data.txt', 'a') as f:
            writer = csv.writer(f, lineterminator='\n')
            # リストを書き込む
            writer.writerow(data_list)
            f.close()

print('処理完了')
```

Out [5]
```
処理中: A_0001.jpg  [ 1 / 120 ]
処理中: A_0002.jpg  [ 2 / 120 ]
  :
処理中: F_0060.jpg  [ 120 / 120 ]
処理完了
```

● CSVファイルの先頭60行を表示

CSVファイルを読み込んで完成したデータ・セットを確認して
ます(In[6]). Pandasライブラリのread_csv関数でpic_
data.txtを読み出すとデータ・フレームに変換されるので先
頭60行を表示してみます.

In [6]
```
df = pd.read_csv('./pic_data.txt')
print(df.head(60))
```

Out [6]
```
     label  side  angle  seq_num     hist      pic
0        0     0      0        1  11760.5  A_0001.jpg
1        0     0    -45        1  10887.5  A_0001.jpg
  :
59       0     0   -135        8  12495.0  A_0008.jpg
```

「簡易版」My人工知能カメラのハードウェア

■ 装置の全体像

本書では，ラズベリー・パイとカメラ，センサを使って連続的に自動撮影するAI判定カメラを作りました．それだけでなく，自動撮影するほどまでは凝っていない「簡易版の自分用AI判定カメラ」も作りました（**写真1**，**図1**）．学習画像撮影用スタジオとしても使えます．なお，筆者はラズベリー・パイ専用カメラにRaspberry Pi PiNoir Camera V2（赤外線フィルタ無し版）を，LEDモジュールに赤外線発光タイプを利用しました．可視光を利用するよりも，ハッキリとした特徴量を抽出できると考えたからです．ですが，第4部で紹介している実験は，カメラには通常のPiCameraを，照明には家庭にあるLED電球などを利用できます．

● プログラムの全体像

プログラムのフローは**図2**の通りです．複数の被写体を撮影する場合には，①〜④のプログラムを実行した後，被写体の数だけ⑤〜⑥の処理を繰り返し実行します．⑦で⑤〜⑥で撮影した画像を確認して⑧で事後処理をします．

この簡易AI判定カメラのPythonプログラムは，筆者提供データ中の体験サンプルDの01 広告チラシの撮影.ipynb，02 新聞の撮影.ipynb，03 フリーペーパーの撮影.ipynbになります．いずれも画像撮影処理を行っており体験サンプルAの簡略版です．

01，02，03のプログラムの違いは，撮影する画像に付けるフ

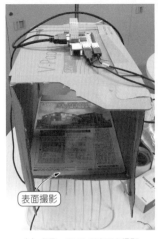

表面撮影

(a) 全景…チラシの表面を撮影

本当はもっと光が広がっている方がよい

裏面からライト照射時にも撮影

(b) チラシの光透過具合を撮影

PiCamera

(c) カメラを上部に

拡散光の方がよい

(d) 机の中にあったLEDライトを下部から当てた

写真1　手持ちのラズパイ＋専用カメラで作れる簡易的なAI判定カメラ

ァイル名の先頭文字になります．ファイル名は**表1**に示すルールで作成しており，被写体に対する透過画像と表面画像のそれぞれにA〜Fの頭文字を付けて識別できるようにしています．シーケンス番号は被写体ごとに採番します．例えば新聞ならC_0001.jpgがあればD_0001.jpgもpicフォルダ内に作成されます．ここでは01　広告チラシの撮影.ipynb(**リスト1**)のプログラム内容を解説します．

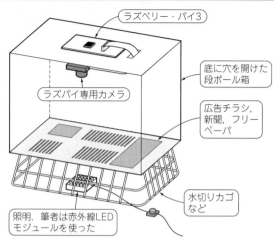

図1 自作のAI判定カメラ

ラズベリー・パイ3

底に穴を開けた
段ボール箱

広告チラシ,
新聞, フリー
ペーパ

ラズパイ専用カメラ

水切りカゴ
など

照明. 筆者は赤外線LED
モジュールを使った

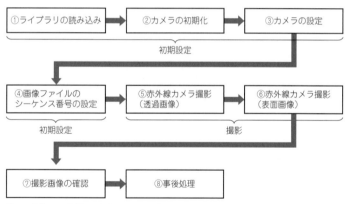

①ライブラリの読み込み → ②カメラの初期化 → ③カメラの設定

初期設定

④画像ファイルの
シーケンス番号の設定 → ⑤赤外線カメラ撮影
(透過画像) → ⑥赤外線カメラ撮影
(表面画像)

初期設定　　　　撮影

⑦撮影画像の確認 → ⑧事後処理

図2　自作した簡易AI判定カメラのプログラム・フロー

表1
学習用の画像ファ
イルは命名規則を
決めておく

被写体	ファイル名の先頭文字	
	透過画像	表面画像
広告チラシ	A	B
新聞	C	D
フリーペーパ	E	F

リスト1　簡易AI判定カメラのプログラム…01　広告チラシの撮影.ipynb

画像を撮影してpicフォルダに保存する
In [1]
```python
# ライブラリの読み込み
import os
import glob
import picamera

# 画像表示用
from PIL import Image
import matplotlib.pyplot as plt
import numpy as np

# Jupyter Notebookでインライン表示用の宣言
%matplotlib inline
```

赤外線カメラの初期化
In [2]
```python
# PiCameraクラスのインスタンスを生成
camera = picamera.PiCamera()
```

カメラの設定
In [3]
```python
# 解像度設定
camera.resolution = (640, 640)
# 明度設定
camera.brightness = 50
# ISO設定
camera.iso = 50
```

画像ファイルのシーケンス番号設定
In [4]
```python
# JPGファイル名を取得
files = glob.glob('./pic/*.jpg')
# 空のリストを作成
file_list = []
# 全ての画像ファイルからファイル名を取得
for f in files:
    # パスからファイル名だけを取得
    file = os.path.basename(f)
    # ファイル名をリストに格納
    file_list.append(file)
# リストにフィルが格納されている場合
if len(file_list) > 0:
    # リストの要素を逆順ソート
    file_list.sort()
    file_list.reverse()
    # 最後のファイル名を取得
    latest_file = file_list[0]
    # ファイル名からシーケンス番号を取得して、
    #                           1を加算
    seq_num = int(latest_file[2:6]) + 1
    # 最後に撮影されたファイル名を表示
    print('最後に撮影された画像ファイル名：',
                                latest_file)
# リストにファイル名が格納されていない場合
else:
    seq_num = 1
    # 画像ファイルなし
    print('画像ファイルなし')
# 撮影後の画像を表示
seq_num_bk = seq_num
# 次に撮影するシーケンス番号を表示
print('次回撮影時に使うシーケンス番号：',
                                seq_num)
```

赤外線カメラ撮影（透過画像）
In [5]
```python
# ファイル名に付けるシーケンス番号を設定
save_pic = 'A_' + "{0:04d}".format(seq_
                            num) + '.jpg'
```

```python
# 画像を撮影
camera.capture('./pic/' + save_pic)
print("透過画像の表面の保存： " + save_pic)
```

赤外線カメラ撮影（表面）
In [6]
```python
# ファイル名に付けるシーケンス番号を設定
save_pic = 'B_' + "{0:04d}".format(seq_
                            num) + '.jpg'
# 画像の撮影
camera.capture('./pic/' + save_pic)
print("表面の保存： " + save_pic)

# シーケンス番号をカウントアップ
seq_num = seq_num + 1
```

撮影画像の確認
In [7]
```python
# フォルダからJPGファイル名を取得
files = glob.glob('./pic/B*.jpg')
if len(files) > 0:
    # 空のリストを作成
    file_list = []
    # 全ての画像ファイルからファイル名を取得
    for f in files:
        # パスからファイル名だけを取得
        file = os.path.basename(f)
        if seq_num_bk <= int(file[2:6])
            and int(file[2:6]) <= seq_num:
            # ファイル名をリストに格納
            file_list.append(file)

    file_list.sort()
    for fname in file_list:
        # 透過画像ファイルの設定
        fname_back = 'A' + fname[1:]
        # 画像の読み込み
        im_back = Image.open('./pic/' +
                            fname, 'r')
        # 画像をarrayに変換
        plt.subplot(121)
        im_back_list = np.asarray(im_
                                    back)
        # 貼り付け
        plt.imshow(im_back_list)

        # 画像の読み込み
        im_front = Image.open('./pic/'
                        + fname_back, 'r')
        # 画像をarrayに変換
        plt.subplot(122)
        im_front_list = np.asarray(im_
                                    front)
        # 貼り付け
        plt.imshow(im_front_list)

        # ファイル名と画像を表示
        print('表面画像：' + fname +
            '\t透過画像：' + fname_back)
        plt.show()
else:
    print('画像ファイルなし')
```

事後処理
In [8]
```python
# PiCameraクラスのインスタンスを閉じる
camera.close()
```

■ プログラムの各処理

● 初期設定

▶①ライブラリの読み込み

　最初にライブラリを読み込みます．osライブラリとglobライブラリはLinuxファイル・システム上のファイルにアクセスするために利用します．globライブラリはpicフォルダから画像ファイル名リストを取得するのに使用します．

　ラズベリー・パイのボード上にあるカメラ用コネクタにPiCameraを接続します．PiCameraを制御するためにはpicameraライブラリを使用します．

　その他，画像表示用にPIL，Matplotlibと数値演算用にNumPyを読み込みます．最後にPythonライブラリではありませんが，Jupyter Notebook上でインライン表示するために，%matplotlib inlineを宣言しました．

▶②カメラの初期化

　PiCameraは初期化しないと利用できません．あらかじめインスタンス変数cameraを生成して，利用できるようにしておきます．

▶③カメラの設定

　PiCameraを設定します．PiCameraのデフォルト画素（1920×1080）です．今回はカメラをセンサとして利用しているので画像の解像度が低くても鮮明でなくても支障がありません．そこで画素が640×640になるようにresolution関数に引き数（640，640）を設定しました．

　brightness関数でデフォルト値と同じ50を設定しています．露出はiso関数に引き数を渡すことで調整でき，デフォルト値は0で露出オートのところを50に固定しました．室内の蛍光灯の明かりでペットボトルが6本入る段ボール箱で試したところ，こ

の値で問題なく撮影できました．もし画像が暗すぎるようでしたら50から値を大きくして調整するとよいでしょう．段ボール箱の形状や容積，利用環境の明るさなどの状態によって最適な設定が異なるかもしれません．

▶④画像ファイルのシーケンス番号の設定

撮影済みの画像ファイル（広告チラシ，新聞，フリーペーパの透過画像と表面画像）はpicフォルダに格納されます．picフォルダに格納されている画像ファイル名からシーケンス番号を取得し，新たに撮影する際に画像ファイル名に次番号から連番を採番します．

● 撮影

▶⑤赤外線カメラ撮影（透過画像）

被写体を撮影する前に段ボール箱の底に空いた穴から懐中電灯注1などで照らしておきます．ここで一旦，室内の照明を消します．

プログラムはファイル名の設定，カメラ撮影画像の保存，ファイル名の表示です．変数save_picには広告チラシの透過画像に付ける先頭文字Ａを設定していますが，02　新聞の撮影.ipynbではC，03　フリーペーパーの撮影.ipynbではEに変えてあります．

▶⑥赤外線カメラ撮影（表面画像）

室内の照明を点けます．部屋の明るさが十分にあれば懐中電灯の明かりを付けたまま表面画像の撮影を行っても問題なく識別できる画像が撮影できるはずです．

プログラム内容は透過画像と同じで最後にシーケンス番号をカウント・アップしています．変数save_picには広告チラシの

注1：筆者はPiCameraのIRフィルタなし版（Raspberry Pi PiNoir CameraModule V2）と赤外線LEDモジュールで撮影しています．

透過画像に付ける先頭文字Bですが，02 新聞の撮影.ipynbで
はD，03 フリーペーパーの撮影.ipynbではFになります．

　もし異なる被写体を撮影したい場合には⑤と⑥を繰り返し実行
できるので①〜④を再実行する必要はありません．

● **後処理**
▶**⑦撮影画像の確認**

　撮影済みの画像ファイルをノートブックに表示して確認します．
2行目の変数filesではpicフォルダから広告チラシの画像ファ
イル（表面）の先頭文字Bで始まるファイル・リストを取得しま
す．先ほどと同じように被写体によって02 新聞の撮影.ipynb
ならD，03 フリーペーパーの撮影.ipynbならFの先頭文字の
画像ファイルのファイル・リストを取得します．

　17行目では広告チラシの画像ファイル（透過画像）の先頭文字A
と画像ファイル（表面）のシーケンス番号を組み合わせて変数
fname_backに格納し，次の行で読み込んでいます．ここでも
被写体（新聞，フリーペーパ）によって先頭文字を置き換えること
で読み込んでいます．

ステップ2：学習させる

　第1章では撮影対象物の画像を使ってデータ・セットを作りました．本章では，このデータ・セットを利用して学習を行い，「学習済みモデル」を作っていきます．

　モデルの構築にはサポート・ベクタ・マシン（以降，SVM）を使います．SVMが開発された当初は，線形分離器（各データ点間のマージンが最大になるように直線を引いて分類）にしか適用できませんでしたが，改良が重ねられて線形分離が不可能な問題（非線形分離問題）にも適用できるようになりました．そのため汎用分離器として幅広い用途に応用が可能です．

　ここで行うことは，図1（Appendix1 図1の一部を再掲載）にあるように，データ・セットをSVMを用いて学習し，学習済みモデルを構築した後に，ファイルに保存します．

　05 SVMのトレーニングと学習モデル作成.ipynb（リスト1）では，データ・セットからトレーニング・データとテスト・データに分割して学習モデルを構築します（図2）．

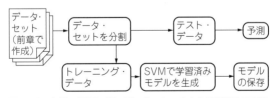

図1　人工知能の重要工程…データ・セットから学習済みモデルを作る

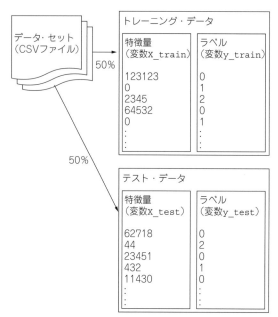

図2 データ・セットをトレーニング用とテスト用に分ける

■ 用意したデータから「トレーニング・データ」と「テスト・データ」を生成

● ライブラリの読み込み

最初にライブラリを読み込みます(**In[1]**). 体験サンプルCの
SVMとscikit-learnのcross_validationライブラリを利用してい
るので, **Out[1]** に警告メッセージが表示されますが動作には問
題ありません.

```
In [1]
# ライブラリの読み込み
import os
import csv
import numpy as np
import pandas as pd
```

```
import matplotlib.pyplot as plt

# scikit-learnの読み込み
from sklearn import model_selection, svm, metrics, cross_
                                         validation, pipeline
from sklearn.preprocessing import StandardScaler
from sklearn.linear_model import LogisticRegression
from sklearn.multiclass import OneVsRestClassifier
from sklearn.externals import joblib
```

Out [1]
```
/usr/local/lib/python3.5/dist-packages/sklearn/
module was deprecated in version 0.18 in favor of the
classes and functions are moved. Also note that the
that of this module. This module will be removed in
  "This module will be removed in 0.20.", DeprecationWarning)
```

● CSVファイルを読み込み

CSVファイル(pic_data.txt)からデータを読み込みます
(**In[2]**). 読み込んだデータから特徴量(hist列)とラベル
(label列)を, トレーニング・データとテスト・データに加工し
ます.

In [2]
```
# CSVファイルを読み込み
df = pd.read_csv('./pic_data.txt')
df.head()
```

Out [2]

	label	side	angle	seq_num	hist	pic
0	0	0	0	1	11760.5	A_0001.jpg
1	0	0	-30	1	11141.0	A_0001.jpg
2	0	0	-45	1	10887.5	A_0001.jpg
3	0	0	-60	1	11128.0	A_0001.jpg
4	0	0	-90	1	11760.5	A_0001.jpg

● 透過画像を抽出して列名を付け替え

CSVファイルのデータはまず透過画像と表面画像が同じ列に
混在しているため, 透過画像と表面画像のhist列を同じシーケ
ンス番号(seq_num)と角度(angle列)の組み合わせごとに1行
になるように加工します(**In[3]**). 最初に透過画像側のデータだ

195

けを抽出してデータ・フレーム back_tmp に格納されるように
します.

データ・フレーム df を操作して side 列が 0 の行だけ抽出し
てデータ・フレーム back を作成し，さらに side 列なしのデー
タ・フレームにするため loc 関数でデータを抽出してデータ・フ
レーム back_tmp を作ります. back_tmp の列名を新たに設定
して表示すると Out[3] のようなデータができます.

```
In [3]
# 透過画像を抽出 (目的変数：label、説明変数：front_median、back_max)
back = df[df.side == 0]
# マージ・データの抽出
back_tmp = back.loc[:, ['label', 'angle', 'seq_num',
                                          'hist', 'pic']]
# 列名を付け替え
back_tmp.columns = ['label', 'angle', 'seq_num',
                                          'back_max', 'pic']
back_tmp.head()
```

Out [3]

	label	angle	seq_num	back_max	pic
0	0	0	1	11760.5	A_0001.jpg
1	0	-30	1	11141.0	A_0001.jpg
2	0	-45	1	10887.5	A_0001.jpg
3	0	-60	1	11128.0	A_0001.jpg
4	0	-90	1	11760.5	A_0001.jpg

● **表面画像を抽出して列名を付け替え**

表面画像についても同様の操作を行います(In[4]). データ・フ
レーム df の side 列が 1 の行だけ抽出して loc 関数で angle
列, seq_num 列, hist 列を選択してデータ・フレーム
front_tmp に格納します. 列名を付け替えて表示すると Out
[4] のようなデータが出来上がります.

```
In [4]
# 表面を抽出
front = df[df.side == 1]
# マージ・データの抽出
front_tmp = front.loc[:, ['angle', 'seq_num', 'hist']]
# 列名を付け替え
```

```
front_tmp.columns = ['angle', 'seq_num', 'front_median']
front_tmp.head()
```

Out [4]

	angle	seq_num	front_median
320	0	1	19993.5
321	-30	1	19575.5
322	-45	1	19313.0
323	-60	1	19496.5
324	-90	1	19993.5

● 表面画像と透過画像を結合

　2つのデータ・フレーム(front_tmp, back_tmp)を結合して1行にします(In[5])．データ・フレームの結合にはPandasライブラリのmerge関数を用います．あらかじめリストkeysにマージの際に用いる結合キーを格納して，merge関数に2つのデータ・フレームと引き数onにリストkeysを渡すとデータ・フレームdatasetsにマージしたデータが作られ，Out[5]のようになります．

```
In [5]
# 表面と透過画像を結合
keys = ["angle", "seq_num"]
datasets = pd.merge(front_tmp, back_tmp, on=keys)
# データ・セットの確認
datasets.head()
```

Out [5]

	angle	seq_num	front_median	label	back_max	pic
0	0	1	19993.5	0	11760.5	A_0001.jpg
1	-30	1	19575.5	0	11141.0	A_0001.jpg
2	-45	1	19313.0	0	10887.5	A_0001.jpg
3	-60	1	19496.5	0	11128.0	A_0001.jpg
4	-90	1	19993.5	0	11760.5	A_0001.jpg

● データ・セットから特徴量を抽出

　データ・フレームdatasetsから特徴量データだけを抽出してデータ・フレームpaper_dataに格納します(In[6])．Out

[6]のように整形が完了しました.

```
In [6]
# 特徴量を設定
paper_data = datasets[['front_median', 'back_max']]
paper_data.head()
```

Out [6]

	front_median	back_max
0	19993.5	11760.5
1	19575.5	11141.0
2	19313.0	10887.5
3	19496.5	11128.0
4	19993.5	11760.5

● データ・セットからラベルを抽出

データ・フレームpaper_dataに対応するラベルも用意しなければなりません(**In[7]**).データ・フレームdatasetsからlabel列を抽出してデータ・フレームpaper_labelに格納しました(**Out[7]**).

```
In [7]
# ラベルを設定
paper_label = datasets['label']
paper_label.head()
```

Out [7]
```
0    0
1    0
2    0
3    0
4    0
Name: label, dtype: int64
```

● データ・セットから撮影対象物ごとに抽出して先頭20件を表示
▶広告チラシ

データ・フレームdatasetsから広告チラシだけを抽出して先頭20件を表示して確認します(**In[8]**).front_median列,back_max列が特徴量になり,label列がラベルになります(**Out[8]**).

```
In [8]
data0 = datasets[datasets['label'] == 0]
# angle列が0の画像(オリジナル画像)を表示
data0 = data0[data0['angle'] == 0]
# pic列をキーにソート
data0 = data0.sort_values(by='pic')
data0.head(20)
```

Out [8]

	angle	seq_num	front_median	label	back_max	pic
0	0	1	19993.5	0	11760.5	A_0001.jpg
16	0	2	21598.0	0	11171.5	A_0002.jpg
288	0	19	20407.5	0	13009.5	A_0019.jpg
304	0	20	22452.0	0	14142.0	A_0020.jpg

▶新聞

同じように新聞だけを抽出してデータを確認します(In[9]、Out[9])。

```
In [9]
data1 = datasets[datasets['label'] == 1]
# angle列が0の画像(オリジナル画像)を表示
data1 = data1[data1['angle'] == 0]
# pic列をキーにソート
data1 = data1.sort_values(by='pic')
data1.head(20)
```

Out [9]

	angle	seq_num	front_median	label	back_max	pic
320	0	21	21687.0	1	0.0	C_0021.jpg
336	0	22	20234.0	1	0.0	C_0022.jpg
544	0	35	21827.5	1	0.0	C_0035.jpg
560	0	36	21827.0	1	0.0	C_0036.jpg

▶フリーペーパ

フリーペーパだけを抽出してデータを確認します(In[10]、Out[10])。

```
In [10]
data2 = datasets[datasets['label'] == 2]
# angle列が0の画像(オリジナル画像)を表示
data2 = data2[data2['angle'] == 0]
```

```
# pic列をキーにソート
data2 = data2.sort_values(by='pic')
data2.head(20)
```

Out [10]

	angle	seq_num	front_median	label	back_max	pic
576	0	37	21480.5	2	0.0	E_0037.jpg
592	0	38	16563.0	2	236.5	E_0038.jpg
864	0	55	26345.5	2	0.0	E_0055.jpg
880	0	56	23478.0	2	0.0	E_0056.jpg

● データ・セットを散布図で表示

　紙の種類(広告チラシ，新聞，フリーペーパ)ごとにデータ・フレームを確認しましたが特徴量にどのような違いがあるか散布図にして確認します(In[11])．Matplotlibで散布図を作成する(Out[11])にはscatter関数を用います．表面画像の明度(front_median列)をx軸に取り，y軸は透過画像の明度(back_max列)を割り当てました．紙の種類が分かるよう3つのラベルで形と色を分けています．データは極端な値で分布しているのでデータを標準化する方法もありますが，体験サンプルCで実験したときには識別率の向上にはならなかったのでそのまま使うことにしました．

　新聞とフリーペーパは抽出した特徴量を見ると識別が困難そうです．フリーペーパの中には新聞のような体裁のものがあり一見すると新聞と見間違えるものが含まれていたので，x軸の特徴量を工夫して改善した方がよいかもしれません．しかし今回は広告チラシだけを識別できればよいのでこのままにしました．

In [11]
```
fig = plt.figure()
ax = fig.add_subplot(1,1,1)
# フォント指定
plt.rcParams['font.family'] = 'IPAPGothic'
font = {'family' : 'IPAexGothic'}
```

```
# データの描画
ax.scatter(data0['front_median'], data0['back_max'],
                    label=u'広告チラシ', c="green", marker="*")
ax.scatter(data1['front_median'], data1['back_max'],
                    label=u'新聞', c="blue", marker="s")
ax.scatter(data2['front_median'], data2['back_max'],
                    label=u'フリーペーパー', c="red", marker="+")
# 軸のラベル設定
ax.set_xlabel(u'表面画像のヒストグラム中央値(暗 <-> 明)', fontdict=font)
ax.set_ylabel(u'透過画像のヒストグラム中央値(暗 <-> 明)', fontdict=font)
ax.grid(True)
ax.legend(loc='upper left')
plt.show()
```

Out [11]

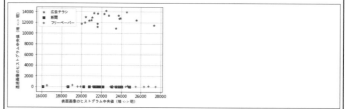

● データ・セットをトレーニング・データとテスト・データに分離

　train_test_split関数で2つのデータ・フレーム
(paper_data, paper_label)から1：1の割合でトレーニン
グ・データとテスト・データに分離します(In[12])．トレーニン
グ・データ(特徴量データ：X_train，ラベル：label_
train)とテスト・データ(特徴量データ：X_test，ラベル：
label_test)の4つのデータを用意します．

　テスト・データのサイズはtrain_test_split関数の引き
数test_sizeに0.5(1を100％とする)を設定します．基本的
にランダムにデータが選択されてトレーニング・データとテスト
・データに分けられますが，train_test_split関数の引き
数random_stateに乱数のシードとなる0を設定しています．
同一シードであれば同じ乱数が用いられるため毎回同じ分類にな
ります．もし異なるデータで分離したい場合は「，random_

201

state=0」を削除します.

```
In [12]
# データ・セットをトレーニング・データとテスト・データに分離
X_train, X_test, label_train, label_test = model_selection.
train_test_split(paper_data, paper_label, test_size=0.5, random_
state=0)
```

● **トレーニング・データの特徴量を表示**

トレーニング・データの特徴量データ X_train を表示します
(In[13]).データ・フレームなので最初の列はインデックス番号
で,ラベル label_train と同じ順番でデータが抽出されてい
ます.

```
In [13]
X_train.head()
```

Out [13]

	front_median	back_max
96	21047.5	12902.0
564	21827.0	0.0
823	19851.0	0.0
753	19449.0	0.0
74	20939.0	9726.5

● **トレーニング・データのラベルを表示**

トレーニング・データ・ラベル label_train を表示します
(In[14]).特徴量データ X_train に対応したラベルです.

```
In [14]
label_train.head()
```

Out [14]
```
96      0
564     1
823     2
753     2
74      0
Name: label, dtype: int64
```

● テスト・データの特徴量を表示

テスト・データでも同じようになります(In[15]).特徴量データX_testを確認します.

```
In [15]
X_test.head()
```

Out [15]

	front_median	back_max
881	15167.5	0.0
406	16882.5	0.0
14	19313.0	10887.5
708	19921.0	0.0
55	21236.5	12835.0

● テスト・データのラベルを表示

テスト・データ・ラベルlabel_testを表示して確認します
(In[16]).

```
In [16]
label_test.head())
```

```
Out [16]
881    2
406    1
14     0
708    2
55     0
Name: label, dtype: int64
```

■ サポート・ベクタ・マシン(SVM)の特徴

● 未学習データの識別精度が高い

サポート・ベクタ・マシン(以降,SVMとする)は,「分類」,「回帰」および「異常値検出」に用いられる機械学習アルゴリズムです.線形入力素子を利用して2クラスのパターン識別器を構成する手法で,各データ点との距離が最大となるマージン最大化超平面を求めるという基準(超平面分離定理)で,線形入力素子のパラメータを学習します.学習時の演算量が少ない割に未学習データ

の識別精度が高くなるアルゴリズムです.

● 用途

SVMは画像認識,音声認識,自然言語処理にも利用できるため,ディープ・ラーニングと同じように幅広い分野で応用されています. 画像認識では手書き文字や写真のパターンを判別できますし,音声認識では音声から文字への変換や音声による感情分析,自然言語処理では迷惑メールのフィルタリングなどにも応用可能です.

● なぜサポート・ベクタ・マシンが要るのか

人間が分類ルールをたくさん作れば,機械学習アルゴリズムを使用しなくてもルールの数が少ない間は分類精度が高くなるので不要に感じるでしょう. しかしルールが数百〜千数百を超えてくると人間がルール適用の優先順位や例外ルールなどを管理できなくなり,ルールが破綻して意味をなさなくなることがよくあります.

そもそも分類ルールを作ることなしにプログラムだけで分類したい場合には,機械学習アルゴリズムを使うと便利です. SVMは分類精度が高いアルゴリズムなのでビジネスでも広く利用されているのではないかと思います. またニューラル・ネットワークやディープ・ラーニングと比べると処理負荷が低めなので,ラズパイでも短時間で処理が完了します.

■ SVC用の関数について

SVMを処理するにはSVC関数を用います. C-SVMとは異なる数学的定式化を行うNuSVC関数やSVR関数(サポート・ベクタ回帰),LinearSVC関数(線形SVM)があります.

● パラメータ&デフォルト値

表1に主なパラメータを示します.

```
sklearn.svm.SVC(C=1.0, kernel='rbf',
degree=3, gamma='auto', coef0=0.0,
shrinking=True, probability=False,
tol=0.001, cache_size=200, class_
weight=None, verbose=False, max_iter=-1,
decision_function_shape='ovr', random_
state=None)
```

■ 学習

● 今回のアルゴリズムSVMのパラメータの設定

ここではscikit-learnのSVC関数を使ってSVMを実装していきます. はずはハイパ・パラメータを設定します(In[17]). これによってSVMをチューニングして分類精度を高めるのが目的です. 今回は直線では分類できないトレーニング・データの特徴に対して, よりフィットするモデルを作るためにgammaをauto設定から0.01に指定しています. この値が大きいと識別する際にデータが存在する範囲に絞られて選択される傾向が強くなり, 識別の汎用性が低下します. 逆に値が小さいと線形分離になるので識別の汎用性は高くなりますがデータの距離が近いと誤識別の可能性が出てきます. 時間と手間はかかりますがデータに合わせてパラメータを最適化すれば識別精度が高められます.

▶ **パラメータの説明**

C…正則化項の係数を設定(デフォルト値:1.0)
kernel…カーネルの選択(デフォルト値:'rbf')
gamma…カーネル関数の係数を設定(デフォルト値はなし).
このgammaの大小でデータの分かれ方が**図3**のように異なります.

表1 svc関数のパラメータ

パラメータ名	詳　細
C	正則化項の係数を設定(デフォルト値は1.0)
kernel	カーネルの選択(デフォルト値は'rbf'で，その他に'linear', 'poly', 'sigmoid', 'precomputed'が選択可能)
degree	多項式カーネル'poly'を使った場合の次数の指定(デフォルト値は3で，多項式カーネル'poly'選択時だけ有効)
gamma	カーネル関数の係数を設定(デフォルト値はなし．kernelが'rbf', 'poly', 'sigmoid'のときだけ有効)
coef0	小数で指定(デフォルト値は0.0で，kernelが'poly'または'sigmoid'のときだけ有効)
probability	分類などをした際にその分類結果の確率を計算するかどうか．超平面からの距離で近似された値(デフォルト値はFalseで，データ・サイズが大きいと学習時間に負担がかかるので注意)
shrinking	スタイン推定として有効でないアトリビュートの重要度を下げるかどうかを指定(デフォルト値はTrue)
tol	収束判定に用いる許容可能誤差を指定(デフォルト値は0.001)
cache_size	カーネル行列が大きいときにキャッシュを確保するサイズを指定(デフォルト値は200で，単位はMバイト)
class_weight[注1～注3]	クラスに対する重みを指定できる(デフォルト値は，Noneで，ディクショナリまたは'balanced'が指定可能)
verbose	モデル構築過程のメッセージ表示を選択(デフォルト値は0で非表示，1にすると表示)
max_iter	最適解探索の際の最大探索回数を指定(デフォルト値は1で，-1を指定すると収束するまで探索する)
decision_function_shape[注4]	多クラスを分類する際にクラスを指定(デフォルト値は'ovr'で，文字列や'ovo'を指定できる)
random_state	乱数のシードを固定する場合に指定(デフォルト値はNone)

注1：クラスに対する重みをディクショナリで指定可能
注2：指定なしならデフォルトで全てのクラスに1が設定される
注3：balancedを指定するとyの値によりn_samples / (n_classes * np.bincount(y))の計算で自動的に重みを調整する
注4：ovr(one-versus-rest)は1つのクラスと残り全てのクラスのデータを分類器としてSVMに用いる．ovo(one-versus-one)は2クラス分類問題としてSVMを用いる

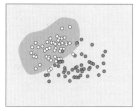 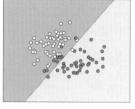

(a) 大きいとき (b) 小さいとき

図3[(1)]　**gamma** の大小で分かれ方が変わる

```
In [17]
C = 1.
kernel = 'rbf'
gamma  = 0.01
```

● **SVM による多クラス分類・学習**

　scikit-learn の SVM は基本的に 2 値分類(one-vs-one 戦略)ですが，多クラス分類(one-vs-Rest 戦略)にも対応できます．例えば A，B，C の 3 つのクラスがあるときに「A」と「B，C」といったように 3 クラスを 2 クラスに分類できます．特定の 1 つのクラスのみを分類したいときや，それ以外のクラス(多クラス)を分類したいときに使えます．ここではトレーニング・データ(特徴量データ)を 1：多に分類します．**In[17]** のパラメータを SVC 関数の引き数として渡してインスタンス変数 clf に格納します．clf を OneVsRestClassifier 関数に渡すことでモデル構築の準備が完了します．

　モデル構築には fit 関数にトレーニング・データの特徴量データ X_train とラベル label_train を渡すと学習が開始されます．学習の際に設定されていたパラメータは **Out[18]** のようになります．

```
In [18]
# モデルインスタンス生成
clf = svm.SVC(C=C, kernel=kernel, gamma=gamma)
```

```
# One-versus-the-rest による識別
clf = OneVsRestClassifier(clf)
# 学習
clf.fit(X_train, label_train)
```

Out [18]
```
OneVsRestClassifier(estimator=SVC(C=1.0, cache_
                          size=200, class_weight=None, coef0=0.0,
    decision_function_shape='ovr', degree=3,
                                    gamma=0.01, kernel='rbf',
    max_iter=-1, probability=False, random_state=None,
                                         shrinking=True,
    tol=0.001, verbose=False),
          n_jobs=1)
```

● 学習モデルを保存

　学習モデルはscikit-learnのjoblibを使って保存と読み込み
を行います(In[19])．dhmp関数でclfとファイル名を指定する
とカレント・ディレクトリにfinalized_model.pkl(ファイ
ル名は任意に設定できます)を作成します．次のステップで保
存したモデルをload関数で呼び出してclf_modelに格納し
ています．一度，構築したモデルを後々利用したり，モデルを追
加学習したりする際にファイルに書き出しておくと便利ですし，
コピーを保存しておけば学習がうまくいかなくてもコピーからモ
デルを復元できます．

　ここではモデルを保存することは機械学習をする上で必要あり
ませんが，後でモデルの保存が失敗していたなどということが発
覚すると再学習になってしますのでここで確認しておきます．

In [19]
```
joblib.dump(clf, 'finalized_model.pkl')
clf_model = joblib.load('finalized_model.pkl')
```

■ 作成した学習済みモデルの評価

● テスト・データを使って予測する

　finalized_model.pklから読み込んだモデルを使って

predict関数でテスト・データ(特徴量データ)を予測してみます(In[20]). 予測結果はOut[20]の通りです. この数字は特徴量から予測したラベルになります. もしモデルの保存や読み込みに失敗していると予測も失敗します.

```
In [20]
# 予測
test_pred = clf_model.predict(X_test)
print(test_pred)
```

```
Out [20]
[2 1 2 2 0 2 2 1 2 0 0 2 2 2 2 0 1 2 2 2 2 0 2 1 2 0
 2 2 2 1 2 2 2 1 1 2 1 2 1 2 2 2 2 2 2 2 2 2 0 2 0
 2 2 2 2 2 2 1 2 2 0 0 1 2 2 1 2 0 0 0 0 2 1 2 2 0 0
 0 2 0 0 1 2 2 2 2 0 0 2 0 2 1 0 1 1 2 2 2 0 1 2 2
 2 2 2 2 1 1 2 0 1 1 2 2 0 0 2 0 0 1 2 1 0 1 2 2 0
 2 2 1 0 2 2 2 1 1 0 0 2 0 0 0 2 0 2 2 2 0 2 1 1 2 2
 2 2 2 0 2 0 0 0 2 0 2 1 2 1 0 0 0 0 2 2 2 2 1 2
 0 2 0 2 2 0 2 1 1 2 2 0 2 1 2 2 2 1 2 2 2 1 0 2
 0 2 0 2 2 2 0 2 0 1 0 2 1 2 2 2 0 0 0 0 2 0 1 2 2 1
 2 2 0 1 0 0 2 2 0 0 2 2 0 0 1 2 2 1 2 2 1 0 2 2 0 2 2
 0 1 1 1 2 2 1 0 2 0 0 0 1 2 1 1 1 2 2 0 1 1 2 0 0 2
 2 0 1 2 2 2 2 2 0 2 0 2 2 2 0 2 2 2 1 2 1 1 1 2 1 0 0
 2 2 2 2 1 1 1 0 1 0 1 2 1 0 2 1 2 2 1 1 2 1 0 0 0 0]
```

● **分類精度の確認**

score関数にテスト・データの特徴量データと正解となるラベルを渡して識別率を計算したところ0.860になりました(In [21]). 想定よりも高めの識別率になっておりうまく分類できていたかどうか確認が必要そうです.

```
In [21]
print('テストデータ・スコア: {:.3f}'.format(clf_model.
                              score(X_test, label_test)))
```

```
Out [21]
テストデータ・スコア: 0.860
```

● **検証曲線**

ここではトレーニング・データとテスト・データを使って, モデルそのものを評価する指標としては利用できませんが, バイアス(誤差)とバリアンス(モデルの分散)を検証してみます(In[22]).

バイアスはモデルの識別精度の良しあしを判断に使用します。バリアンスではモデル作成の再現性の良しあしを判断するのに利用します。

バイアスとバリアンスを求めるのに利用する値を算出します。scikit-learn で提供されている model_selection の learning_curve関数を使って train_sizes、train_scores、test_scoresをあらかじめ算出します。トレーニング・データとテスト・データの中央値をNumPyのmean関数、標準偏差はNumPyのstd関数で算出します。

```
In [22]
pipe_lr = pipeline.Pipeline([('scl', StandardScaler()),
       ('clf', LogisticRegression(penalty='l2', random_state=0))])
# トレーニング・データのサイズとスコア
train_sizes, train_scores, test_scores = model_
                       selection.learning_curve(estimator=pipe_lr,
                         X=X_train, y=label_train, train_sizes=np.
                           linspace(0.1, 1.0, 10), cv=10, n_jobs=1)
# トレーニング・データの中央値
train_mean = np.mean(train_scores, axis=1)
# トレーニング・データの標準偏差
train_std = np.std(train_scores, axis=1)
# テスト・データの中央値
test_mean = np.mean(test_scores, axis=1)
# テスト・データの標準偏差
test_std = np.std(test_scores, axis=1)
```

● **トレーニング精度をグラフにプロット**

先ほど計算した中央値と標準偏差を利用してバイアスとバリアンスを算出してグラフにプロットします(In[23])。グラフの横軸がトレーニング・データ数、縦軸が精度(識別精度)です(Out[23])。トレーニング精度はトレーニング・データを、検証精度はテスト・データを用いたときの精度になります。基本的に識別精度が高いほどトレーニング・データに対して正解率が向上しますが、高すぎれば過学習となりトレーニング・データ以外のデータを予測しようとした場合に識別精度が低くなることもあります。グラフの縦軸の精度が高い方が分類精度が高いことを示します。

基本的にバイアスとバリアンスはトレードオフの関係になり，総和が最小になる方が良い結果につながります．モデルが単純な場合，識別精度は良くないですが教師データに対して安定し，高バイアスかつ低バリアンスになりやすいです．モデルが複雑な場合，識別精度は良いですが教師データに対して過学習などにより不安定になり，低バイアスかつ高バリアンスになりやすいです．一般的な対策としてバイアスが高ければ機械学習で学習するための特徴の次元を増やすなどし，バリアンスが高ければトレーニング・データの量を増やします．

　グラフを見るとバイアスが高そうです．本来であればデータ量が増えることでトレーニング精度がなだらかにカーブしながら精度が低下していくはずです．

　トレーニング・サンプル数が50のときにトレーニング精度は0.75を超えていますが，サンプル数が150手前で精度が0.7付近に低下し，サンプル数が300のときに精度が0.75に上昇しています．バリアンスは折れ線グラフの上下にある帯として表示されていますが，ほとんど幅がなく低バリアンスになっています．今回のデータを改善するなら特徴量の次元を増やすと識別精度の向上につながりそうです．

```
In [23]
# トレーニング精度
plt.plot(train_sizes, train_mean, color='blue',
                marker='o', markersize=5, label='トレーニング精度')
# トレーニング精度の標準偏差
plt.fill_between(train_sizes, train_mean + train_std,
                train_mean - train_std, alpha=0.15, color='blue')
# 検証精度
plt.plot(train_sizes, test_mean, color='green', linestyle='--',
                marker='s', markersize=5, label='検証精度')
# 検証精度の標準偏差
plt.fill_between(train_sizes, test_mean + test_std,
                test_mean - test_std, alpha=0.15, color='green')
# ラベルなどの設定
plt.xlabel('トレーニングサンプル数')
plt.ylabel('精度')
plt.grid()
plt.legend(loc='lower right')
```

```
plt.ylim([0.5, 1.0])
plt.show()
```

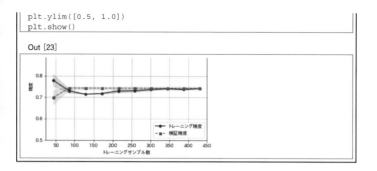

● **テスト・データの正解率**

テスト・データのスコアを算出したところ正解率0.860になりました(In[24]).

```
In [24]
ac_score = metrics.accuracy_score(label_test, test_pred)
print('正解率: {:.3f}'.format(ac_score))
```

```
Out [24]
正解率: 0.860
```

● **予測結果がどの程度正解しているか確認**

いったん,予測結果がどの程度正解しているか確認してみます (In[25]).合否列がTrueならテスト・データのラベルと予測したラベルが一致,Falseなら不一致になります.所々で不一致になっており予測が間違っているようです.

```
In [25]
df = pd.DataFrame({'テストデータラベル' : label_test,
                   '予測' : test_pred, '合否' : list(label_test)
                                            == test_pred})
df
```

Out [25]

	テストデータラベル	予測	合否
881	2	2	True
406	1	1	True
773	2	2	True
538	1	1	True

```
480 rows × 3 columns
```

● テスト・データに予測結果を結合

　全体として予測が正しい部分と間違っている部分が分かるよう
にグラフにしてみます（In[26]，図4）．星型の点が広告チラシと
して予測されたデータ，四角の点がその他として予測されたデー
タです．データの特徴量では特徴を識別するのに十分な次元がな
かったようです．

　改善案としてデータの特徴量は画像データからヒストグラムの
中央値を算出しましたが，ヒストグラムのビン値をそのまま利用
する方法もあります．

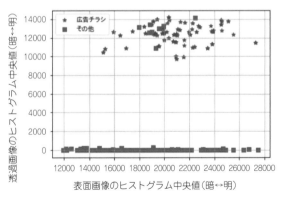

図4　予測結果（Out[26]）

```
In [26]
# テスト・データに予測結果を結合
df_test = X_test.join([pd.DataFrame(df)])
# 予測結果からテスト・データ(広告チラシ)を抽出
df_test0 = df_test[df_test['予測']==0]
# 予測結果からテスト・データ(広告チラシ以外)を抽出
df_test1 = df_test[df_test['予測']!=0]

# 予測結果をグラフにプロット
fig = plt.figure()
ax = fig.add_subplot(1,1,1)
# フォント指定
plt.rcParams['font.family'] = 'IPAPGothic'
font = {'family' : 'IPAexGothic'}
# データの描画
ax.scatter(df_test0['front_median'], df_test0['back_
                    max'], label=u'広告チラシ', c="green", marker="*")
ax.scatter(df_test1['front_median'], df_test1['back_
                        max'], label=u'その他', c="red", marker="s")
# 軸のラベル設定
ax.set_xlabel(u'表面画像のヒストグラム中央値(暗 <-> 明)', fontdict=font)
ax.set_ylabel(u'透過画像のヒストグラム中央値(暗 <-> 明)', fontdict=font)
ax.grid(True)
ax.legend(loc='upper left')
plt.show()
```

ステップ3：予測する

　ここでは新たに画像を撮影して，学習済みモデルで予測（判定）します．

　具体的には，前章で構築した「学習済みモデル」を使って，新しいデータ（新たにポストに投函（とうかん）された郵便物）を予測します．プログラムの処理フローは**図1**の通りです．新たに投函された郵便物を分類するわけですから，プログラムは01　広告チラシの撮影.ipynbから05　SVMのトレーニングと学習モデル作成.ipynbまでの内容を凝縮したものとなっており，学習済みモデルを構築しないことが大きな違いです．

　なお，使っているscikit-learn中のSVM関数の仕様上，2次元配列のテスト・データを用意しないとエラーになってしまい予測が行えません．もし，1つしか被写体を用意したくない場合には，1次元配列をコピーして2次元化するような工夫が必要になります．

■ 準備

● ライブラリの読み込み

　最初にライブラリを読み込みます（In[1]）．リレー・シールド，

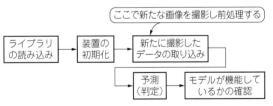

図1　学習済みモデルを使って新たに撮影した対象物を仕分けてみる

モータ・ドライバ，超音波距離センサの制御用(RPi.GPIO，smbus)，赤外線カメラ用ライブラリ(picamera)，NumPyやPandasはデータ加工用です．画像表示用にPILとMatplotlibを，scikit-learn用にsvmと学習モデルの読み込み用にjoblibを利用します．

```
In [1]
# ライブラリの読み込み
import os
import glob
import time
import RPi.GPIO as GPIO
import smbus
import picamera
import numpy as np
import pandas as pd

# 画像表示用
from PIL import Image
import matplotlib.pyplot as plt

# scikit-learnの読み込み
from sklearn import svm
from sklearn.externals import joblib

# Jupyter Notebookでインライン表示用の宣言
%matplotlib inline
```

● 装置の初期化

続いて装置の初期化を行います．In[2]〜In[7]のプログラムは，01　広告チラシの撮影.ipynb〜03　フリーペーパの撮影.ipynbと同じ内容ですので説明は省略します．

```
In [2]
# PiCameraクラスのインスタンスを生成
camera = picamera.PiCamera()
…中略…
```

■ 新たに撮影したデータの取り込み

● 画像ファイルのシーケンス番号設定

ここでは画像ファイル名に付けるシーケンス番号を準備します

(In[9]). picフォルダにある画像ファイル・リストから一番大きいシーケンス番号を取得して1を足し，新たに撮影した画像ファイルに使用します. 01 広告チラシの撮影.ipynbと同じ処理内容です.

```
In [9]
# JPGファイル名を取得
files = glob.glob('./pic/*.jpg')
```

● 画像撮影（透過画像→表面画像）

判定用データとなる画像データを取得します(In[10]). プログラムは基本的に01 広告チラシの撮影.ipynbと同じ動きをします. ただし，最初に用意した画像と見分けが付くようにファイル名を変えました. 被写体(広告チラシ/新聞/フリーペーパ)を撮影する際に表面画像のファイル名はRで始まり，赤外線投光器で赤外線を被写体の裏から透過させて撮影する透過画像はPが先頭文字になります. ここでは被写体の違いによるファイル名の先頭文字が異なることはありません. 撮影される画像データはpicフォルダに格納されるのでLinuxのファイル・マネージャなどでもファイルを開けばどんな画像かを確認できます.

15秒以内に被写体を装置に入れ超音波距離センサで検知して表面画像と透過画像を連続撮影できます. もしタイムアウトしてしまったら，このIn[10]を再実行すれば連続撮影できます.

ここでは3つの被写体(広告チラシ2枚とフリーペーパ1部)を連続撮影して画像ファイルを作成してpicフォルダに格納しています. 被写体とファイル名の関係は表1の通りです.

表1　撮影した被写体の種類とファイル名

被写体	表面画像のファイル名	透過画像のファイル名
広告チラシ	R_0061.jpg	P_0061.jpg
広告チラシ	R_0062.jpg	P_0062.jpg
フリーペーパ	R_0063.jpg	P_0063.jpg

```
In [10]
if __name__ == "__main__":
    :

            #########################
            ## 透過画像の撮影
            #########################
            # 赤外線LED点灯(点灯されるまで0.3秒待つ)
            relay.ON_1()
            time.sleep(0.3)
            # ファイル名に付けるシーケンス番号を設定
            save_pic1 = 'P_' + "{0:04d}".format(seq_num) + '.jpg'
            # 画像を撮影
            camera.capture('./pic/' + save_pic1)
            print("透過画像の表画像の保存: " + save_pic1)
            # 赤外線LED消灯
            relay.OFF_1()

            #########################
            ## 表画像の撮影
            #########################
            # 赤外線LED点灯(点灯されるまで0.3秒待つ)
            relay.ON_2()
            time.sleep(0.3)
            # ファイル名に付けるシーケンス番号を設定
            save_pic2 = 'R_' + "{0:04d}".format(seq_num) + '.jpg'
            # 画像の撮影
            camera.capture('./pic/' + save_pic2)
            print("表画像の保存: " + save_pic2)
            # 赤外線LED点灯
            relay.OFF_2()
    :
            time.sleep(2)
```

● 撮影画像の確認と特徴量抽出

In[11]ではIn[10]で撮影した画像を表示して確認します．最初
の2組の画像は広告チラシで，最後はフリーペーパの画像です．
フリーペーパは紙の厚みがあるので透過画像は真っ暗になってい
ますが，ピクセル単位で見るとノイズが乗っており，非常に明る
いピクセルもあります．

これらの画像ファイルからテスト・データを作成します．テス
ト・データの作成と特徴量の抽出方法は05　SVMのトレーニン
グと学習モデル作成．ipynbと同じです．各画像からヒストグラ
ム（20ビン）を作り，ビン値の中央値を算出して特徴量とします．

テスト・データは変数X_testに格納します.

```
In [11]
X_test = []

# フォルダからJPGファイル名を取得
files = glob.glob('./pic/R*.jpg')
if len(files) > 0:
    # 空のリストを作成
    file_list = []
    ⋮
    print('画像ファイルなし')
```

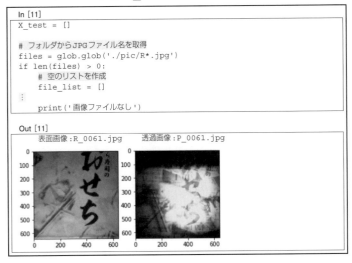

● 特徴量データを確認

変数X_testに格納されている特徴量データを確認します(In [12]).データ構造を見やすくするためにデータ・フレームに格納しました.front_median列が表面画像,back_max列が透過画像の特徴量です.0～1行目が広告チラシで,2行目がフリーペーパの特徴量です(Out[12]).

```
In [12]
X_test = pd.DataFrame(X_test)
X_test.columns = ['front_median', 'back_max']
print(X_test)
```

```
Out [12]
   front_median   back_max
0       10543.0    13900.0    ← 広告チラシ
1       22171.5    12383.5
2       22390.5        0.0    ← フリーペーパ
```

■ 予測

● 学習モデルの読み込みと予測

　ここでは前章で作った学習済みモデルを用いて，新たに取得したデータを判定します(In[13])．学習済みモデルはファイル finalized_model.pkl に保存しているので，このモデルを利用して新たに撮影した画像を予測します．

　予測するラベルは広告チラシなら0，新聞は1，フリーペーパが2です．SVMでラベルが0かそれ以外に分類する学習モデルを構築しました．joblib.load関数で学習済みモデルを読み込み，変数clf2に格納します．予測はpredict関数にテスト・データX_testを渡して予測したラベルを変数ansに格納します．predict関数に渡すテスト・データは2次元配列である必要があります．1次元配列(リスト)ではエラーになり予測されません．そのためテスト・データは1件ではなく複数件用意しました．結果は2，2，2になり，全てフリーペーパとして予測されました．

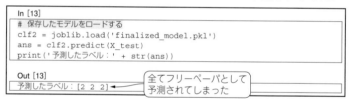

```
In [13]
# 保存したモデルをロードする
clf2 = joblib.load('finalized_model.pkl')
ans = clf2.predict(X_test)
print('予測したラベル：' + str(ans))

Out [13]
予測したラベル：[2 2 2]        全てフリーペーパとして
                              予測されてしまった
```

● 分類結果の確認

　このプログラムで各被写体の表面画像と予測したラベルの結果を確認します(In[14])．R_0063.jpgはフリーペーパとして予測され正解しています．残る2つは広告チラシだったにもかかわらず，フリーペーパとして予測されており間違っています．この結果だけではテスト・データの特徴量抽出や学習モデルが良くないのかを判断できません．テスト・データ件数が少ないのでデー

タ量を増やして予測してみます.

```
In [14]
pic_label = []
for pic_ans in ans:
    if pic_ans == 0:
        pic_label.append('広告チラシ')
    elif pic_ans == 1:
        pic_label.append('新聞紙')
    elif pic_ans == 2:
        pic_label.append('フリーペーパー')
print('予測件数: ', len(pic_label))

for pic_num in range(len(pic_label)):
    print('・ファイル名(表面): ' + file_list[pic_num]
                        + '¥t予測: ' + pic_label[pic_num])
```

```
Out [14]
予測件数:  3
・ファイル名(表面): R_0061.jpg 予測: フリーペーパー
・ファイル名(表面): R_0062.jpg 予測: フリーペーパー
・ファイル名(表面): R_0063.jpg 予測: フリーペーパー
```

■ 作成したモデルが機能しているかの確認

　分類結果(**Out[14]**)だけを見ると, 分類精度がかなり低く見え
ます. そこで学習モデルを構築したときのトレーニング・データ
を予測してみてモデルが機能しているかを確認してみます. トレ
ーニング・データの特徴量から学習モデルを構築しており, 予測
すれば高い分類精度が出るはずです. 今回は広告チラシとそれ以
外に分類する2値分類問題です. もしトレーニング・データを予
測して分類率が60 %以下になるようなことがあれば, モデル構
築に失敗していると推測できます. 試しに新規に撮影した画像デ
ータとトレーニング・データを結合して新しいテスト・データを
作って分類してみます.

● ファイルから特徴量を読み込み

　データの準備として05 SVMのトレーニングと学習モデル作
成.ipynbで作成したファイルを読み込みます(**In[15]**). このフ
ァイルには表面画像と透過画像のラベル, 画像回転角度, シーケ

221

ンス番号，ヒストグラム中央値，ファイル名がカンマ切りテキストで保存されています．同じ被写体の表面画像と透過画像が2行で記録されているので1行になるよう画像回転角度とシーケンス番号をキーにして結合します．結合したデータは特徴量データだけ抽出して変数X_trainに，ラベルだけ抽出して変数label_trainに格納しています．

```
In [15]
# ファイルを読み込み
df = pd.read_csv('./pic_data.txt')
# 表面を抽出
front = df[df.side == 1]
# マージ・データの抽出
front_tmp = front.loc[:, ['angle', 'seq_num', 'hist']]
# 列名を付け替え
front_tmp.columns = ['angle', 'seq_num', 'front_median']

# 透過画像を抽出
back = df[df.side == 0]
# マージ・データの抽出
back_tmp = back.loc[:, ['label', 'angle', 'seq_num',
                                         'hist', 'pic']]
# 列名を付け替え
back_tmp.columns = ['label', 'angle', 'seq_num',
                                      'back_max', 'pic']

# 表面と透過画像を分離して結合
keys = ["angle", "seq_num"]
datasets = pd.merge(front_tmp, back_tmp, on=keys)

# 特徴量を設定
X_train = datasets[['front_median', 'back_max']]

# ラベルを設定
label_train = datasets['label']
```

● トレーニング・データとテスト・データから新しいテスト・データを作成

In[15]で特徴量を変数X_trainに格納しました．このデータは広告チラシ(ラベル0)，新聞(ラベル1)，フリーペーパ(ラベル2)の順で特徴量データが格納されています．これらテスト・データX_testにはデータ件数が少なかったのでトレーニング・データX_trainを追加して新しいテスト・データX_test_new

を作成します（**In[16]**）.

　X_trainと**X_test**を結合して**X_test_new**に格納した後にインデックス番号を採番し直しています．**X_test_new**の内容は**Out[16]**の通りでインデックス番号（最初の列）の0〜2が**X_test**から持ってきた特徴量，それ以降が**X_train**から持ってきた特徴量です．学習モデルは**X_train**の特徴量を用いて構築されているので，この部分については分類精度が良いはずです.

```
In [16]
X_test_new = X_test.append(X_train)
X_test_new = X_test_new.reset_index(drop=True)
X_test_new
```

```
Out [16]
```

	front_median	back_max
0	10543.0	13900.0
1	22171.5	12383.5
2	22390.5	0.0
~~	~~	~~
961	23894.5	0.0
962	24279.5	0.0

```
963 rows × 2 columns
```

● **予測の再実験**

　predict関数を用いて**X_test_new**を予測します（**In[17]**）.結果は**Out[17]**にあるようにラベルで表示します．最初の3つの値が（**In[14]**）の予測と同様で全てフリーペーパになりました.

　4件以降が**X_train**の予測結果です．もともとのラベルは0, 1, 2が連続した配置になっていましたが，予測結果を見ると0（広告チラシのラベル）の連続の中に2（フリーペーパのラベル）が混ざっていますがおおむね分類できているようです．ラベル1や2でも予測間違いが見られるものの大半は正しく分類できているようです．ということは，先頭から2件の予測が広告チラシであるところがフリーペーパと誤った予測になったのはトレーニング・デ

ータ量や特徴量の次元が少なく学習がまだ十分でない可能性があります．未知の特徴量に対しても分類精度と汎用性を高めるためにトレーニング・データを増やす必要がありそうです．

　実は10月〜12月に収集した広告チラシ/新聞/フリーペーパを用いてモデル構築に利用しました．ここで新しく用意したテスト・データは1月に収集した広告チラシとフリーペーパを用いたため，色調やコントラストの違いが影響しているかもしれません．通常，広告チラシは基本となる3色で構成されており，新聞は2色，フリーペーパは多色であることが多いです．また，季節によって色調が変わる可能性があり，それによってコントラストも変わる可能性があります．分野によってはシーズンに特化した学習モデルを構築することがあります．例えば電力需要予測，金融や商品取引などでは1年を3カ月単位に分割して4つのカテゴリのモデルを構築します．広告チラシの分類でもシーズンごとのカテゴリでモデルを構築するともっと良い結果が出るかもしれません．

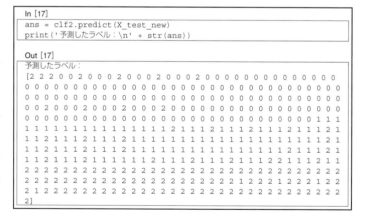

```
In [17]
ans = clf2.predict(X_test_new)
print('予測したラベル：\n' + str(ans))
```

```
Out [17]
予測したラベル：
[2 2 2 0 0 2 0 0 0 2 0 0 0 2 0 0 0 2 0 0 0 2 0 0 0 0 2 0 0 0 0 0 0 0 0 0
 0 0 0 0 0 0 0 0 0 0 0 0 0 0 0 0 0 0 0 0 0 0 0 0 0 0 0 0 0 0 0 0 0 0 0 0
 0 0 2 0 0 0 2 0 0 0 0 0 0 0 0 0 0 0 0 0 0 0 0 0 0 0 0 0 0 0 0 0 0 0 0 0
 0 0 0 0 0 0 0 0 0 0 0 0 0 0 0 0 0 0 0 0 0 0 0 0 0 0 0 0 0 0 0 1 1
 1 1 1 1 1 1 1 1 2 1 1 1 1 1 1 1 1 2 1 1 1 2 1 1 1 1 1 1 1 1 1 1 2 1
 1 1 2 1 1 1 2 1 1 2 1 1 1 1 1 1 1 1 1 1 1 1 1 1 1 1 1 1 1 1 1 1 2 1
 1 1 2 1 1 2 1 1 1 1 1 1 1 1 1 1 1 1 1 1 1 1 1 1 1 2 1 1 1 2 1 1 1 2 1
 1 1 2 1 1 1 1 1 1 1 1 2 1 1 1 2 1 1 1 2 1 1 1 2 1 1 1 2 1 1 1 2 1 1
 2 2 2 2 2 2 2 2 2 2 2 2 2 2 2 2 2 2 2 2 2 2 2 2 2 2 2 2 2 2 2 2 2 2
 2 2 2 2 2 2 2 2 2 2 2 2 2 2 2 2 1 2 1 2 2 2 1 2 2 2 1 2 2 2 1 2 2
 2 2 2 2 2 2 2 2 2 2 2 2 2 2 2 2 2 2 2 2 2 2 2 2 2 2 2 2 2 2 2 2 2
 2]
```

● ラベルを使って答え合わせ

　答え合わせはテスト・データ・ラベルと予測を付き合わせて合否（True/False）で表示して確認します（**In[18]**）．正解率は

0.9241952232606438でしたが，ほぼトレーニング・データなので学習モデルに即した当然の結果です．このことからテスト・データの最初の3件(新たに撮影した画像のテスト・データ)の予測は間違いもありますが，データが悪いわけではないようです．もっとトレーニング・データを増やして学習すると分類精度の向上が望めるはずです．

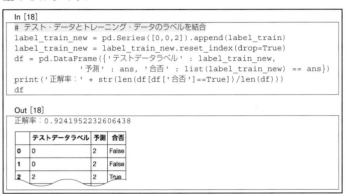

```
In [18]
# テスト・データとトレーニング・データのラベルを結合
label_train_new = pd.Series([0,0,2]).append(label_train)
label_train_new = label_train_new.reset_index(drop=True)
df = pd.DataFrame({'テストデータラベル' : label_train_new,
                   '予測' : ans, '合否' : list(label_train_new) == ans})
print('正解率：' + str(len(df[df['合否']==True])/len(df)))
df
```

```
Out [18]
正解率：0.9241952232606438
```

	テストデータラベル	予測	合否
0	0	2	False
1	0	2	False
2	2	2	True

● まとめ

　今回は組み込み系小型コンピュータで機械学習を行うことを前提としていたので，学習に用いる特徴量の次元を圧縮しました．ラズベリー・パイでSVMを特徴量から学習しましたが，処理能力的にまだまだ余力があるように感じられます．学習モデルの構築に，より時間を要しますが，分類精度を高めるため特徴量の次元やデータ数を増やすと良さそうです．

簡易AI判定カメラ向けに体験サンプルDも用意しています

　体験サンプルDフォルダには，体験サンプルAの簡略版を用意しました．06　SVMで学習モデルを使い分類.ipynbになります（**図A**）．簡単に説明します．リストは省略します．実際の.ipynbを開いて確認してください．

図A　体験サンプルAの簡略版「体験サンプルD」で行う処理は3つ

● ライブラリの読み込み
▶SVMで学習モデルを使い分類（In[1]）

　体験サンプルAの06　SVMで学習モデルを使い分類.ipynbからリレー・シールド（赤外線投光器用），モータ・ドライバ，超音波距離センサで用いるGPIO関連ライブラリを読み込みません．カメラで撮影するためpicameraライブラリを使っています．

● 新たに撮影して判定してみるためのデータを準備
▶画像ファイルのシーケンス番号設定（In[2]）

　体験サンプルAと同一内容のため説明は省略します．

▶画像撮影（透過画像）（In[3]）

　体験サンプルDではまず，被写体の裏から光を照射して透かした状態の透過画像を撮影します．被写体の裏側からフラッシュ・ライトで光を照らしてからこのプログラムを実行すると撮影できます．撮影後はフラッシュ・ライトをOFFにして，次項で表面画像の撮影を行います．

　透過画像のファイル名の先頭文字はPになり，次項で撮影する表面画像と区別できるようにします．撮影後，画像データはpic

フォルダに格納されるのでLinuxのファイル・マネージャなどでファイルを開けばどんな画像か確認できます.

▶画像撮影(表面画像)(In[4])

In[3]で撮影した被写体の表面からの画像を撮影します. 撮影した画像データはRで始まるファイル名になります. 撮影後, 次の被写体撮影のためシーケンス番号(変数 seq_num)をカウント・アップします.

▶撮影画像の確認と特徴量抽出(In[5])

In[3]とIn[4]で撮影した画像をノートブック中に表示して確認します. これらの画像ファイルからヒストグラム(20ビン)を作り, ビン値の中央値を算出して特徴量とします. この計算は撮影した被写体の数だけ繰り返し行われます. 最後に特徴量データを変数 X_test に格納します.

● 予測(新たに投函された郵便物の判定)
▶学習モデルの読み込みと予測(In[7])

ここでは学習済みのモデルを用いてテスト・データのラベル(郵便物の種類)を予測します. 学習済みモデルはファイル finalized_model.pkl に保存しているので, このモデルを利用して新たに撮影した画像が何であるかを予測(判定)します.

予測するラベルは広告チラシなら0, 新聞は1, フリーペーパが2です. SVMでラベルが0かそれ以外に分類する学習済みモデルを構築しました.

joblib.load 関数で学習済みモデルを読み込み, 変数 clf2 に格納します. 予測は predict 関数にテスト・データ X_test を渡して予測したラベルを変数 ans に格納します. predict 関数に渡すテスト・データは2次元配列である必要があります. 1次元配列(リスト)ではエラーになり予測されません. そのためテスト・データは1件ではなく複数件用意しました.

機械学習やデータ・サイエンスを学びたい方へ

データ・サイエンスは，データから新しい科学的および社会的に有益な知見を引き出そうとするアプローチです．統計的，計算的，人間的な視点でデータを俯瞰します．これらの視点を踏まえてデータ・サイエンティストが持つべきスキルとして，数学スキル，プログラミング・スキル，ビジネス・スキルなどがあります．

データを扱う際には情報科学，統計学，アルゴリズムなどを横断的に扱います．アルゴリズムの中には人工知能や機械学習も含まれます．

データ・サイエンスの始め方

データ・サイエンスを学問としてとらえると難しそうに感じるかもしれません．興味のあることについて，パターンや法則性を見つけるゲームとして取り組むと楽しめます．

分析するためのデータは，Google Dataset Search(https://datasetsearch.research.google.com/)を使うと，世界中のデータセットを探すことができます．また，Googleデータスタジオ(https://developers.google.com/datastudio)やOpenBlender(https://www.openblender.io/)で可視化したり，分析したりできます．これらのツールはプログラミングができなくてもデータ分析が可能です．

もし，Pythonでより高度なデータ分析に挑戦してみたいなら，開発環境として，Google Colab(https://colab.research.google.com/?hl=ja)やAnaconda(https://www.anaconda.com/)を使うとよいでしょう．

分析によって数字の羅列からパターンや特徴を発見できると，パズル・ゲームが解けたときのような達成感があります．

参考になりそうな資料

● データ・サイエンスを俯瞰するなら

データ・サイエンス全体を俯瞰するのに以下の書籍がおすすめです．

・Steven S.Skiena(著)，小野 陽子(監修)：データサイエンス設計マニュアル，2020年，オライリー・ジャパン．

筆者はニューヨーク州立大学ストーニーブルック校の計算機科学者であり，コンピュータ・サイエンスと新しい学問としてのデータ・サイエンスに携わっています．

● これから始めるなら

理系の大学3〜4年生，大学院生，社会人がこれからデータ・サイエンスを学ぶなら，以下の書籍がおすすめです．プログラミング経験があることを前提としているため，より高度なデータ・サイエンスのスキルを身に着けるのに向いています．

・塚本 邦尊，山田 典一，大澤 文孝；東京大学のデータサイエンティスト育成講座，2019年，マイナビ出版．

● 機械学習を学ぶ

機械学習の関連書籍は非常にたくさんあります．その中から特定の機械学習フレームワークやツールにとらわれずに学べる書籍として，以下がおすすめです．

・松尾 豊：人工知能は人間を超えるか，2015年，角川書店．

初めて人工知能を学ぶ方，これからエンジニアを目指そうとし

ている方に向いています. 人工知能の歴史からディープ・ラーニングまで, 人工知能の現在から今後の展望を知ることができます.

- 石川 聡彦：人工知能プログラミングのための数学が分かる本, 2018年, 角川書店.

人工知能に必須の高校数学, 大学数学をやさしく復習できます. 初めて学ぶ人でも中学の数学からおさらいでき, 数学用語の説明も豊富です. 微分, 線形代数, 確率統計, 回帰モデル, 自然言語処理, 手書き認識などが分かるようになります.

- 斎藤 康毅：ゼロから作る Deep Learning, 2016年, オライリー・ジャパン.

手を動かすことで, ディープ・ラーニングを理解するのに必要な知識が身につけられます. 機械学習フレームワークを使えば簡単ですが原理を学ぶことができません. 本書では Python でニューラル・ネットワークの基礎, 誤差逆伝播法, 畳み込みニューラル・ネットワーク, ハイパ・パラメータの決め方などが学べます.

データ・サイエンスはこんなところで役立つ

九州大学の学生が「新型コロナウイルスの事例マップ」(https://coromap.info/)を作成しました. 感染患者だけでなく, 治療した人, 移動履歴, 厚生労働省の発表順および詳細な履歴や発表文などの情報を地図にプロットしたものです.

折れ線グラフや棒グラフで表現される情報は, ある側面でしかとらえることができません. そのため情報が独り歩きしたり, 正しく理解できなかったりします. データ・サイエンスでは, データを解釈する人の理解を助けることができ, 相互理解が進みやすくなります.

他にも「ハザードマップポータルサイト」(https://disa

portal.gsi.go.jp/）があります．市町村などで作成された
ハザードマップをつなげて，日本全国の災害リスクが見られます．
洪水，土砂災害，津波，道路防災情報などが地図や写真の上に重
ねて表示されます．ばらばらに存在する情報がまとめられていま
すので，広域の災害リスクを俯瞰できます．また，計測機能や地
図作成の機能があるので応用も可能です．

　このように既存のデータに新しい価値を見つけて提供すること
で，世の中の役に立てるのです．

◆第1部第1章の参考文献◆

(1) Bicycle for the Mind.

   https://www.youtube.com/watch?v=j0m3sPU8sVU#action=sh
   are

(2) The iPod Ecosystem.

   http://www.nytimes.com/2006/02/03/technology/the-
   ipod-ecosystem.html

(3) ビジネスエコシステムを巡る大競争と日本企業が克服すべき課題.

   https://businessecosystem.unisys.co.jp/sp-lecture-
   natsuno-ecosystem/

(4) Apple Music Event 2001-The First Ever iPod Introduction.

   https://www.youtube.com/watch?v=kN0SVBCJqLs

(5) Steve Jobs announcing the first iPhone in 2007.

   https://www.youtube.com/watch?v=wGoM_wVrwng

◆第1部第2章の参考文献◆

(1) ARM-software/ComputeLibrary.

   https://github.com/ARM-software/ComputeLibrary

(2) Cartoonifying Images on Raspberry Pi with the Compute Library.

   https://community.arm.com/developer/tools-software/
   graphics/b/blog/posts/cartoonifying-images-on-
   raspberry-pi-with-the-compute-library

(3) Arm Compute Library for computer vision and machine learning now publicly
   available!

   https://community.arm.com/graphics/b/blog/posts/arm-
   compute-library-for-computer-vision-and-machine-
   learning-now-publicly-available

(4) Choosing the right estimator「scikit-learn algorithm cheat-sheet」.

   https://scikit-learn.org/stable/tutorial/machine_
   learning_map/index.html

(5) Machine learning algorithm cheat sheet for Microsoft Azure Machine
   Learning Studio.

   https://docs.microsoft.com/en-us/azure/machine-
   learning/studio/algorithm-cheat-sheet

(6) CPU ID[8]:: CPU Details: Raspberry Pi3 Model B - ARMv8 Broadcom
   BCM2837.

   https://www.the-toffee-project.org/truebench/index.
   php?page=cpudetails-8-raspberry-pi3-model-b

(7) Pentium D.

   https://ja.wikipedia.org/wiki/Pentium_D

(8) Plot different SVM classifiers in the iris dataset.

```
https://scikit-learn.org/stable/auto_examples/svm/
plot_iris_svc.html
```

(9) SVM Pipelining: chaining a PCA and a logistic regression.

```
http://scikit-learn.org/stable/auto_examples/plot_
digits_pipe.html#sphx-glr-auto-examples-plot-digits-
pipe-py(現在リンク切れ)
```

(10) ロジスティック回帰　参考情報：Compare Stochastic learning strategies for MLPClassifier.

```
https://scikit-learn.org/stable/auto_examples/
neural_networks/plot_mlp_training_curves.html
```

(11) ニューラル ネットワーク(多層パーセプトロン)K-means Clustering.

```
http://scikit-learn.org/stable/auto_examples/
cluster/plot_cluster_iris.html#sphx-glr-auto-
examples-cluster-plot-cluster-iris-py
```

(12) K-means Isotonic Regression.

```
https://scikit-learn.org/stable/auto_examples/index.
html
```

(13) Ensemble methods.

```
http://scikit-learn.org/stable/modules/ensemble.html
```

(14) レイ・カーツワイル；ポスト・ヒューマン誕生 コンピュータが人類の知性を超えるとき，2007年，NHK出版.

◆第1部Appendix1の参考文献◆

(1) The Turk.

```
https://ja.wikipedia.org/wiki/トルコ人_(チェス)
```

(2) The Turk Automaton |History Specials - Lost Magic Decoded|.

```
https://www.youtube.com/watch?v=NXQiXdY8Sbk
```

(3) ビッグデータに取り組むITベンダーランキング 成果の8割はスモール・データから得られる.

```
https://www.sbbit.jp/article/cont1/32486
```

(4) Small Data Group.

```
https://smalldatagroup.com/about/
```

◆第2部第1章の参考・引用*文献◆

(1) Using IPython for parallel computing.

```
https://ipyparallel.readthedocs.io/en/latest/
```

(2) Parallel examples.

```
https://ipyparallel.readthedocs.io/en/latest/demos.
html
```

(3) 東京大学 金田 康正 教授のウェブ・サイト.

http://www.super-computing.org

(4) runipy.

https://github.com/paulgb/runipy

◆第2部第2章の参考・引用＊文献◆

(1) IPython Documentation.

http://ipython.readthedocs.io/en/stable/index.html

(2) uilt-in magic commands.

http://ipython.readthedocs.io/en/stable/interactive/
magics.html?highlight=magic#line-magics

(3) Introducing IPython.

http://ipython.readthedocs.io/en/stable/interactive/
tutorial.html#magic-functions

(4) Notebook extensions.

http://jupyter.readthedocs.io/en/latest/migrating.
html#notebook-extensions

(5) Extensions Index.

https://github.com/ipython/ipython/wiki/Extensions-
Index

(6) Jupyter notebook extensions.

https://github.com/ipython-contrib/jupyter_contrib_
nbextensions

(7) Unofficial Jupyter Notebook Extensions.

http://jupyter-contrib-nbextensions.readthedocs.io/
en/latest/

(8) PyPI.

https://pypi.python.org/pypi

◆第3部第2章の参考・引用＊文献◆

(1) Demonstration of k-means assumptions.

https://scikit-learn.org/stable/auto_examples/
cluster/plot_kmeans_assumptions.html

(2) sklearn.cluster.KMeans.

http://scikit-learn.org/stable/modules/generated/
sklearn.cluster.KMeans.html

◆第3部第3章の参考文献◆

(1) sklearn.neural_network.MLPClassifier.

https://scikit-learn.org/stable/modules/generated/

```
sklearn.neural_network.MLPClassifier.html
```

◆第3部第4章の参考・引用＊文献◆

(1) sklearn.linear_model.LogisticRegression.
```
https://scikit-learn.org/stable/modules/generated/
sklearn.linear_model.LogisticRegression.html
```

◆第4部 Appendix2 の参考文献◆

(1) Pi NoIR Camera V2.
```
https://www.raspberrypi.org/products/pi-noir-
camera-v2/
```

◆第4部第2章の引用文献◆

(1)「SVM（RBFカーネル）のハイパ・パラメータを変えると何が起こるの?」の図.
```
https://camo.qiitausercontent.com/052af1834c32687c7a9
bf89ec24853303ca58e2d/68747470733a2f2f71696974612d696
d6167652d73746f72652e73332e616d617a6f6e6177732e636f6d
2f302f35383534332f37396432623738662d616565622d65532383
42d336461302d663433334623303533666164392e706e67
```

索 引

著者略歴

佐藤 聖(さとう せい)

1972年，北海道帯広生まれ．幼稚園のころに Apple II/MZ-80K に触れ，小学生から FM-7/MSX で BASIC 言語プログラミングを始める．その後，Macintosh Color Classic/PowerBook 145B で C/C++言語プログラミング に取り組み，大学では情報経営学，応用物理学などを学ぶ．1997年より株式会社インフォメーション・ディベロプメントに勤務．2015年に米国大学でデータサイエンスを学び，現在は画像解析や AI 関連の研究に従事．

CQ文庫シリーズ
郵便物仕分けマシンを作りながら

ラズパイとカメラで自習 機械学習

2020年6月15日　初版発行　　　　　　　　　　　　　　　　© 佐藤 聖 2020

著　者　佐藤　聖
発行人　寺前　裕司
発行所　CQ出版株式会社
東京都文京区千石4-29-14(〒112-8619)
電話　出版　　03-5395-2123
　　　販売　　03-5395-2141

編集担当　野村　英樹
イラスト　神崎　真理子/浅井　亮八
カバー・表紙デザイン　株式会社ナカヤデザイン
DTP　美研プリンティング株式会社
印刷・製本　三共グラフィック株式会社
乱丁・落丁本はご面倒でも小社宛お送りください．送料小社負担にてお取り替えいたします．
定価はカバーに表示してあります．
ISBN978-4-7898-5032-2
Printed in Japan